はじめに

この本では、エステティックサロンやスパで行われているスキンケアやボディトリートメントプロダクトが、自然な素材を使って簡単に作れ、自宅でゆっくり楽しめるレシピを紹介しています。ナチュラルで安全な食材などを中心に、できるだけキッチンにあるものだけで気軽に作れるレシピばかりです。また、私はアメリカのエステティシャンのライセンスを持っており、現在でもさまざまな人種のスキンケアを行っていますが、とくにアジア人の肌はデリケートだということ、さらには、香りの好みは育った環境に影響されるとわかりました。本書のレシピは、自分自身の経験はもちろん、多くの方々の体験結果などをふまえて、日本人に好まれる素材や日本人の肌に合うようなアレンジが基本となっています。

また、今までよりも、ずっとずっと早く作ることができる純石けんのレシピを紹介しています。オイルとアルカリ水溶液を混ぜてから、早ければ10分もかからずにモールドに流し込めるなど、長くかかっても30分くらい混ぜればモールドに流し込めるというレシピです。仕事で多忙な人でも、帰宅後や休日のちょっとした時間に作ることができますし、出産後はなかなか石けん作りができないという声を多く聞きますが、本書のレシピなら気軽に取り組んでいただけます。ぜひ、育児の合間をみて作ってみてください。

忙しい現代人は、ストレスによって、さまざまな体調不良に陥るケースが増えています。リラックスすることや好きなことに熱中するのは、ストレス緩和につながります。そして疲れたときには、手作りのスキンケアやボディトリートメント、バスソークなどを使ってお風呂でゆっくりと。からだもこころもやわらいで、疲労回復に役立つことでしょう。また、石けんやリップグロス作りなどを楽しむことで、ぜひ、こころのコリもほぐしてください。

この本を、日々のスキンケアの本としてはもちろんのこと、こころのケアの本としても活用していただけたら幸いです。

{ CONTENTS }

Chapter 4 **Hand & Foot Care ハンド&フットケア**

Chapter 5 **Hair Care ヘアケア**

Chapter 6 **Soaps 石けん**

Chapter 7 **Baths お風呂**

● 本書で紹介しているレシピは、すべて個人の責任において作りましょう。作る前には、必ずP12～14をお読みください。
● 本書レシピや内容について、効能効果などは体質、体調などにより個人差があります。使用によって生じた一切のトラブルその他については、著者ならびに出版社は責任を負うことができません。なにとぞご了承ください。

自然素材で作れるスキンケアプロダクトで
ナチュラル・ビューティーに！

身近な季節の果物や野菜、海藻などのナチュラルな食材、また、エッセンシャルオイルやクレイなど、自然のおだやかな薬理作用やミネラルがいっぱいの素材が主役のレシピが、やさしくじんわりと肌の美しさを引き出してくれます。ナチュラルだから、しっかりと五感にひびき、からだへ、こころへとはたらきかけ、ゆったりと穏やかに癒してくれます。

自然療法だから安心、
そして、からだとこころにやさしい

ナチュラル素材でしかも手作りできる……安心感と手軽さはあるけれど、実際、効果はあるのだろうかと思う人もいることでしょう。でも、大丈夫です。本書のレシピは、どれも自然療法をベースにしています。自然療法には、香りを使ったアロマセラピー、粘土や泥土を使ったファンゴセラピー（マッドセラピー）、温泉療法やマッサージなどがありますが、そのメリットとして、自然な素材のエネルギーを使ってからだとこころのバランスをととのえ、苦痛や不安をやわらげたり、心身のトラブルを取りのぞいたりする効果が期待できます。また、からだに大きな負担をかけずにケアできるということなども挙げられます。現代医学による化学療法ではなかなか改善されない症状も、自然療法で改善されるケースもたくさんあります。日々の生活において、まずは自分でできるメンテナンスとして、自然療法のノウハウをプラスすると、いままでよりも快適で、からだとこころの真の美しさも引き出されていくことでしょう。

まずは、本書のレシピのベースとして組み込んだ自然療法を、かんたんに紹介します。

Aromatherapy

アロマセラピー

植物の花や葉などから抽出されるエッセンスを使って、健康維持や美容のために行う自然療法です。エッセンシャルオイル（精油）と呼ばれる植物のエッセンスは、植物オイルとことなり、数多くの芳香成分から成り、その種類によって構成成分が違うため、香りや作用が違います。呼吸を通して入ってきた芳香成分が、神経組織にはたらきかけてストレスを緩和したり、不安を取りのぞいたりします。また、美容効果にすぐれたものや皮膚炎の改善に効果のある種類などもあり、スキンケアにとても役立ちます。皮膚にはたらきかけてやわらかい肌に導いたり、皮膚細胞のターンオーバーを促進してシミやくすみを解消したり、肌の弾力を取り戻したりしてくれます。さらに、皮膚から浸透して、血液やリンパに入り、体内を循環して各器官に作用していきます。たとえば、筋組織にはたらきかけて肩コリや筋肉痛をやわらげるなど、芳香成分の種類によってさまざまな効果が期待できます（→ P116 ～ 117）。

Fangotherapy

ファンゴセラピー

マッドセラピーともいいます。クレイやマッドを使った泥土療法のことで、血液やリンパの循環をうながしたり、毛穴の汚れや毒素、老廃物を取りのぞいてくれるため、ニキビや皮膚炎などの皮膚トラブルの改善に大きな効果が期待できます。古い角質も取りのぞいてくれるため美白効果もあり、ミネラルを肌に取り込んでみずみずしく美しい肌へと導いてくれます。クレイには海からとれたマリーンクレイ、砂漠からとれたデザートクレイ、火山灰からなるベントナイトなどがあり、スキンケアに使われるクレイとしては、カオリン、モンモリロナイト、ベントナイトとイライトの種類がよく知られています。その色は、採掘場所や種類によってローズ色やクリーム色などさまざまですが、一般的にホワイトからピンク、ローズ、レッド、イエロー、グリーン、ブルーの順に作用が強くなります。また、種類ではカオリン、ベントナイト、モンモリロナイト、イライトの順に作用が強くなります（→ P118 ～ 119）。

Thalassotherapy

タラソセラピー

海水や海塩、海藻、マリーンクレイなど海の恵みを使った自然療法です。タラソセラピーのタラソはギリシャ語で海を表し、日本では海洋療法と呼ばれていますが、1869 年にフランス人医師のラ・ボナルディエール博士が、医療に海水や海藻を使ったのが始まりといわれています。

海の恵みを使ったマスクは、肌にミネラルを補給したり、老廃物や毒素をからだから排出するデトックスなどの目的で用いられます。わたしたちの血液に含まれる血漿（けっしょう）は、細胞に酸素や栄養を運んだり、老廃物を排泄するなどのはたらきがありますが、海水と血漿の組成が似ていることから、タラソセラピーのベネフィットが少なからず関係しているのではないかといわれています。それは、地球上のすべての生きものは、海からバクテリアや藻類が生まれ、進化を繰り返して現在に至っているといわれていることや、生まれてくる赤ちゃんは羊水の中で育ちますが、その羊水も海水の成分と似ているということにつながります。

人間が生きていくためには、水も塩も不可欠なもの。海の恵みがからだによい影響をあたえてくれるのは、とても自然なことだといえるでしょう。

おもな藻類の種類と効能

ワカメ
ミネラルやビタミンが豊富な褐藻類の海藻。体内循環の促進作用、皮膚柔軟化作用があり、肌のトーンをととのえて、明るく透明感のある肌づくりに役立ちます。

ケルプ
コンブ科の大形褐藻類で、ミネラルやビタミンがとても豊富。解毒作用、皮膚柔軟化作用、体内循環の促進作用があります。肌を柔軟にして潤いをあたえたり、肌のトーンをととのえて、明るく透明感のある肌づくりに役立ちます。

ヒバマタ
緑褐色の褐藻類で、ミネラルやアルギン酸を含むヒバマタは、美容や健康のためのサプリメントの原料として使われています。抗炎症作用、解毒作用を生かし、ボディマスクによく使われる素材です。

アイリッシュモス
紅藻類の海藻で、独特の粘性と肌触感があり、スキンケア用品などの増粘剤や安定剤として使われるほか、保湿効果にすぐれているため、肌にしなやかなハリをあたえる目的で用いられています。

スピルリナ
藍藻類の一種で、学術上の分類ではシアノバクテリアと呼ばれる細菌類とされます。ニキビのケア、シワ予防のフェイシャルマスクやクリームなどに配合されるほか、解毒作用があるといわれるため、体内の有害物質や毒素、老廃物の排泄をうながすために服用もされています。

セラピー効果を高めるために

ボディトリートメントの前にはあたたかい飲み物を

　ボディトリートメントは、からだを先にあたためてから行うのがポイント。あたたかいハーブティーや葛湯などが、簡単でおすすめです。からだが内側からあたたまり、血行がうながされ、ボディトリートメント効果もアップします。
　トリートメントを行わない場合でも、たとえば寒い日にシャワーだけというとき、先にあたたかいものを飲んでからシャワーを浴びると、からだのあたたまり方が格段によくなります。また、フットバスを行って、からだをあたためてからボディトリートメントを行うのもいいでしょう。もちろん、冷え性予防や血液循環を促進するためにも、フットバスはおすすめです。

ボディトリートメントのあとにはたっぷり水分補給を

　ボディトリートメントのあとには、必ずたっぷりと水分補給をしましょう。からだに水分を取り込んでいくとともに、からだにたまった毒素を体外に排出しやすくしてくれます。
　水にレモンを入れたレモンウォーターなど、好みのフレイバーのある水を作って飲むのもおすすめです。また、トリートメントをするしないにかかわらず、水分補給はとても大切なこと。汗ばむ夏場やスポーツをするときなどは、とくに多くの水を飲むようにしましょう。ただし、水は一度にたくさん飲むのではなく、こまめに飲むのが理想的。
　また、つねにスポーツドリンクで水分補給をしている人もいますが、激しい運動をしているときや下痢で脱水症状を起こさないようにしているとき以外は、糖分を含まない水やお茶の方が好ましいと思います。なによりも基本は水です。

＊ 医師の診断により水分を制限されている人は、その指示通りにしてください。

肌のタイプに合わせたスキンケアを！

肌質は、ノーマルスキン（普通肌）、ドライスキン（乾燥肌）、そして、オイリースキン（脂肪肌）の３つに大きく分けられます。頬よりＴゾーンが脂っぽいコンビネーションスキンもありますが、デリケートな頬を基準にスキンケアをするといいでしょう。自分の肌質を知るには、朝から晩まで一日を通して、いつ頃から肌が脂っぽく感じるかが目安となります。午前中や朝からすぐに脂っぽくなる肌はオイリースキン、昼頃ならノーマルスキン、夜になってもまったく脂っぽく感じない肌はドライスキンといわれています。自分の肌質を把握して、正しいスキンケアを行うようにしましょう。

スキンケアの基本は、まず自分の肌の状態や性質を知ること。
そして、その肌質に合った方法を選んで行うことが大切です。
つねに肌に水分をあたえ、必要に応じてクリームやオイルを塗って、
水分や潤いが逃げないようにしましょう。基礎化粧品をたくさん使う必要はなく、
肌の状態をみながら、必要なときに必要なケアをしていくのがポイントです。
また、こまめに水分を摂取して、体内からもたっぷり水分をとるようにしましょう。

ノーマルスキン：普通肌 Normal Skin

ノーマルスキンは、やわらかくみずみずしい肌で、血色もいいため、健康的で美しい肌にみえる理想的な肌質です。ただし、季節や体調などによって肌の状態は変わりますので、肌が乾燥したり脱水したりしないように、毎日のスキンケアを怠らないようにするのが大切。また、加齢とともに、日焼けによる肌のダメージは積み重なっていくため、保水や日焼け止めをつけるなど、よい状態の肌質を保つように努めましょう。

基本のケア

保湿力の高い化粧水を使ったスキンケアでOK。肌の水分が不足しないよう、たっぷりと水分をあたえて保湿するのがポイント。クリームやオイルは必要に応じて使いましょう。紫外線から肌を守ることも大切です。基本的に、本書のどのレシピでも使えますので、気に入ったレシピを使って、いまの肌の状態をキープしましょう。

オイリースキン：脂性肌 Oily Skin

皮脂の分泌が多い肌質ですが、さらに、水分のバランスのよい肌と、水分が不足している脱水肌の２つのタイプがあります。肌にしっかりと水分のある肌は、手でさわった感じや見た目がオイリーと感じるだけで、乾燥した感じはありません。後者の脱水肌は、肌が皮脂でテカテカしているにもかかわらず、カサカサしていたり、粉がふいていたり、自分で肌の乾燥が気になります。とくにＴゾーンがテカテカ光っているにもかかわらず、鼻や額の皮膚が突っ張っています。

基本のケア

肌を清潔にし、朝晩のクレンジングを怠らず、肌にたっぷりと水分をあたえること。そしてピーリングが大切です。毎日のクレンジングはもちろん大切ですが、石けん洗顔のやりすぎや、余分な皮脂を取りのぞくためにアストリンゼントを使いすぎると、肌を乾燥させてしまうため、注意しましょう。

ドライスキン：乾燥肌
Dry Skin

皮脂の分泌が不足している肌質で、かゆみを伴うこともあります。また、肌が脱水症状を起こしている脱水肌であることがほとんどで、女性の場合は加齢とともにドライスキンになる傾向があります。紫外線やエアコンの冷風や温風のあたりすぎにより、肌から水分が奪われ、乾燥する場合もあります。また、オイリースキンの人のスキンケアの仕方に問題があり、皮脂を取りのぞきすぎてドライスキンになることもあります（オイリースキン参照）。

基本のケア

保水、保湿が大切です。たっぷりと水分をあたえ、保湿効果の高い化粧水とクリームやオイルを使いましょう。紫外線も肌を乾燥させる原因であるため、紫外線対策はしっかりと。サンブロックをつけたあと、フェイスパウダーを叩いて紫外線カット力をアップさせましょう。

コンビネーションスキン：混合肌
Combination Skin

コンビネーションスキンは、Tゾーンがオイリーで頬の部分はノーマルスキンの場合と、ドライスキンの場合があります。また、頬の皮脂が少ないドライスキンだけでなく、頬の水分が不足したノーマルスキンの場合もあります。

基本のケア

肌質にかかわらず、肌の水分が不足しないよう、たっぷりと水分をあたえて保湿することがポイントです。ドライスキンまたはノーマルスキンを基準にしてスキンケアを行い、オイリーな部分はオイリースキンのケアも取り入れながら、肌の水分と皮脂のバランスをととのえるようにしましょう。

ディハイドレイテッドスキン：脱水肌
Dehydrated Skin

皮脂の不足した乾燥肌と異なり、肌の水分を失って乾燥した肌のことで、見た目はカサついて肌が突っ張ったように見えます。皮脂でテカテカ光ったTゾーンにもかかわらず、鼻や額の皮膚が突っ張っている肌は、皮膚が脱水症状をおこしている状態です。

基本のケア

肌にたっぷりと保水すること、また、保湿効果の高い化粧水やクリームを使うことが大切です。紫外線も肌を乾燥させる原因となるため、しっかりとサンブロックを使うようにしましょう。

センシティブスキン：敏感肌
Sensitive Skin

敏感肌は、化粧品や塗り薬などを使用したときに、かゆみや湿疹がでたり、炎症をおこすなど、肌に異常な反応がでやすい肌質をいいます。とくに化粧品の香料や保存料、PABA（パラアミノ安息香酸）などのケミカルサンスクリーン剤が使えないことが多い肌質です。また、ピーリングのやりすぎや紫外線による皮膚のダメージによって、一時的に刺激を感じやすい敏感な肌になることもあります。

基本のケア

一般的にアレルギー反応をおこしやすい素材が自分の肌に使用できたり、また逆に、敏感肌におすすめといわれるものにアレルギー反応をおこす場合もあるため要注意。必ずパッチテストを行い、自分の肌質に合わない素材を省いて手作りスキンケアを行うようにしてください。また、オーガニック素材であれば肌刺激が少ないこともあるため、確認してみるといいでしょう。

手作りを始める前に＆
スキンケアやボディトリートメントを始める前に

失敗なく、安全に手作りするために、
また、できあがったものをぞんぶんに楽しむために、
まずは、以下の10のポイントをしっかりおさえましょう。

Point 1　手を洗いましょう！

手作りするときはもちろんのこと、トリートメントやマッサージを行うときは、必ず手を洗って清潔にしてから始めましょう。手のひらで石けんをよく泡立ててから、指、指の間、手の甲、手首をしっかりと洗うのが基本です。爪の長さと雑菌の数は相関関係にあるといわれているように、とくに長い爪の間は念入りに。

Point 2　計量の仕方

小さじ 1 ＝ 5ml
大さじ 1 ＝ 15ml
1 カップ＝ 200ml
▶液体でないものは軽くすくって、すり切りで計量してください。

1 滴＝ 0.05ml
▶消毒した爪楊枝を使うか、ドロッパーやスポイトを使って計量します。爪楊枝を使う場合は、自然に液体がポタっと落ちる 1 滴の分量で。

耳かき 1（1 滴）＝約 0.05ml
▶耳かきサイズのスプーンに少し盛り上がっているくらいを目安に計量しましょう。

Point 3　道具は清潔に！

作るときに使う道具や、作ったものを保存する容器は、必ず殺菌消毒をしましょう。フレッシュな果物や野菜を使うレシピでは、包丁やまな板、調理器具も忘れずに。洗い方が不十分なものだと、残った汚れから雑菌が繁殖していきます。しっかり汚れを落としたものを使いましょう。

●煮沸消毒
ガラスや陶製など耐熱素材のものを、沸騰した熱湯の中に入れる方法。最低 20 分以上熱湯の中に入れて煮沸すれば、効果があるといわれています。ガラスなどは急に高温の中に入れると割れてしまう場合があるので、火にかけ始める段階で、水の中に入れてから沸騰させていく方法が安全です。

●アルコール消毒
消毒用アルコールを使うのが一般的ですが、無水エタノールを水で薄めて使う方法もあります（両方行う必要はありません）。無水エタノールの場合は、無水エタノールと水の分量を 4 対 1 の割合にした濃度 80%くらいのものを使うと、消毒効果が一番高いといわれるレベルになります。脂質をもつウイルスの殺菌にはアルコール度数 100%に近い方が効果的で、最近ではアルコール濃度が 60 ～ 95%の間であればほとんど違いがないといわれていますが、通常は消毒用エタノールの濃度 76.9 ～ 81.4%での殺菌が推奨されています。

Point 4 パッチテストについて

自然素材を使ったスキンケアのレシピでも、まったくアレルギーがおこらないわけではありません。必ずパッチテストをしてからスキンケアを行うようにしましょう。
皮膚トラブルを避けるためにも、ひとつずつすべての素材のパッチテストを行うのが基本です。肘の内側のやわらかい皮膚に、テストしたい素材を少量塗布し、半日～１日くらい洗わずにおいて、ようすをみます。塗布後、かゆみなどの異常を感じたら、すぐに中止して、洗い流しましょう。エッセンシャルオイルのように油溶性のものは、肌に合ったスキンケアオイルを塗布してから洗い流すのがポイント。湿疹やかゆみがひどい場合は、すぐに専門の医師の診断を受けるようにしてください。
液体ではないクレイやワックスなどは、そのままではパッチテストができないため、クレイは水と混ぜて、ワックスは肌に合ったスキンケアオイルに溶かしてチェックしましょう。

Point 5 禁忌事項

自然素材であっても、誰もが安心して使えるわけではありません。たとえば、植物から抽出されたエッセンシャルオイルは、妊娠中や高血圧などの持病のある人には使えない種類があるので、必ず注意事項を読んでから使用してください。また、日本では、とくに３歳未満の乳幼児への使用は、芳香浴以外すすめられていないので要注意。
海藻を使ったレシピは、ヨードアレルギーや甲状腺疾患の人には使用できません。血圧を上げるボディラップなどは、高血圧の人は主治医の許可が必要です。現在、妊娠中や高血圧などで通院中の人、薬を服用している人、キモセラピー経験者、また健康に不安のある人などは、必ず専門医に相談してからトリートメントを行ってください。

Point 6 エッセンシャルオイルの希釈濃度

エッセンシャルオイルは、基本的にグレープシードオイルのようなスキンケアオイルなどに希釈して使います。アロマセラピーで使う希釈濃度は、使用する部位や目的によって異なりますが、日本では希釈濃度 1%、子どもや敏感肌の人は 0.5%の希釈濃度がすすめられています。ちなみに欧米では通常 2 ～ 3%で、国によって基本となる希釈濃度が異なりますが、初心者や敏感肌の人は、まず 0.5%希釈濃度から使ってみるといいでしょう。例外として、ラベンダーとティートゥリーのエッセンシャルオイルは、ニキビケアのように、ピンポイントケアとして患部に原液で塗布することができます。

Point 7 オイルのグレード

オイルには大きく分けて、スキンケアに使う化粧品グレードと、服用を目的とした食用グレードがあります。食用グレードは、精製度が低いため、肌に刺激となる成分が含まれていたり、味や風味をよくするために添加物が入っていることもあるため、スキンケアにはアロマショップで販売されているオイルを使うといいでしょう。敏感肌の人の中には、かなり精製度の高いオイルしか使えない人もいますし、普通肌でも食用グレードを使うと肌がかゆくなることがあります。もちろん、グレードに関係なく、パッチテストは必ず行いましょう。

Point 8 できるだけすぐに使いましょう！

本書では、保存料を使いたくない人、または保存料が合わないデリケートな肌質の人にも使っていただけるよう、基本的に保存料を使用しないレシピを紹介しています。そのため、どのレシピもできあがったら、できるだけ早く使うようにしましょう。とくにフレッシュな果物や野菜を使ったレシピなど、自然素材のもつ効能を最大限に生かすためにも、基本的に手作りしたものは作ってすぐに使用するのがベストです。作り置きをすると効果が下がってしまうレシピもありますので要注意。また、薬事法により、手作りしたプロダクトや石けんは、販売したり、人に譲ることは禁止されています。必ず個人レベルで使用するようにしましょう。

Point 9 保存の方法

せっかくの手作り化粧品、できるかぎりフレッシュなものをそのつど使ってスキンケアを行いたいものですが、レシピによっては、しばらく保存しながら使用できるものもあります。たとえば、生ものを使っていない化粧水は、保存料なしなら冷蔵庫保存で１週間以内を目安に使用できますし、保存料を加えれば、常温保存で２～３か月くらいは使うことができるでしょう。ただし、いずれにしても、自然素材を使って手作りしたものは、できるだけ早く使い切ることが原則です。
保存料には、いろいろな種類のものがあります。スキンタイプに合った、安心して使えるものを選びましょう。手作りコスメ用にさまざまな保存料が販売されていますし、アルコールを加えて保存期間を長くする方法もあります。

●グレープフルーツシードエクストラクト（GSE）
手作り化粧品の保存料として一般的に広く使われているもののひとつ。オーラルケアとして、またタブレットやカプセルに入ったサプリメントとしても市販されています（P112参照）。

Point 10 手を除菌しましょう！

マッサージやトリートメントを誰かにしてあげるときは、手の除菌が必須。爪や指先を中心に、しっかりと手を洗い、アルコールなどで消毒を。アルコールが肌に合わない場合は、酢を使ったり、グレープフルーツシードエクストラクトをぬらした手に２～３滴落とし、除菌ハンドソープと同じように使う方法もおすすめです。

(!) 使用する道具について
本書のレシピは、基本的にキッチンにある道具で作れます。お手持ちのキッチンツールをはじめ、食材の入っていたプラスチックカップや牛乳パック、ヨーグルトなどの容器をリサイクルするなどして、気軽に作ってみてください。

おもに必要な道具
- 計量スプーン
- 計量カップ
- ビーカー
- はかり（デジタルスケール）
- ボウル
- 耐熱カップ
- フタ付きのボトル
- 攪拌棒（未使用の割り箸などでOK）
- スプーン
- 小さい泡立て器
- 小さめのミキサーまたはフードプロセッサー
- スパチュラ
- スポイト
- 小さめの漏斗
- 紙コップ（未使用のもの）　……etc.

Chapter 1

Facials
フェイシャル

美しい肌を保つには、
毎日の汚れを就寝前には必ず落とすこと。
そして、古い角質も落として、
肌に栄養や十分な水分をあたえることが大切です。
エステで行うフェイシャルスキンケアを、
自宅で楽しんでみましょう。

Cleansers クレンジング

日本人の肌は、じつは白人の肌よりも刺激を受けやすく、敏感であるといわれています。
そのため、毎日のクレンジングやきめ細やかなトリートメントは欠かせません。
とくに毛穴に詰まった汚れは、ニキビや炎症を引き起こします。
ナチュラルクレンジングでつねに清潔にしておくことが、美肌づくりのポイントです。

アロマティック・クレンジングオイル

グレープシードオイルにエッセンシャルオイルを加えて芳香成分を生かしたクレンジングオイル。
マッサージオイルとして、また、バスオイルとしても使えます。

とくに
オイルベースの
メイクのときに

材料(作りやすい分量)
グレープシードオイル…大さじ2
エッセンシャルオイル(好みのもの→P117)…1～6滴

1 グレープシードオイルとエッセンシャルオイルをボトルなどに入れる。
2 ボトルのふたをしっかり閉めて、シェイクする。

note
・オイルは徐々に酸化しますが、腐らないので、少し多めに作ってもいいです。
・柑橘系のエッセンシャルオイルには光感作作用があります。使用後、最低でも8時間は日光にあたらないようにしましょう。

ホホバのディープクレンジングオイル

アイメイクアップリムーバーとして、ウォータープルーフのマスカラ落としにもぴったり。

とくに
しっかりメイクの
ときに

材料(作りやすい分量)
ホホバオイル…大さじ2
キャスターオイル…大さじ1

1 ホホバオイルとキャスターオイルをボトルなどに入れる。
2 ボトルのふたをしっかり閉めて、シェイクする。

note
・オイルは徐々に酸化しますが、腐らないので、少し多めに作ってもいいです。

スイートアーモンドのレシチンローション

クレンジングミルクのほか、クレンジングオイルのあとのニュートライザーや
フェイス＆ボディ用のモイスチュアライザーとしても使えます。
あたためながら作る必要がないうえ、ハンドミキサーも必要なく簡単。
毎回フレッシュなレシチンローションがすぐに作れます。

とくに
乾燥肌や
脱水ぎみの肌に

材料(1回分)
植物性レシチン…小さじ1
熱湯(60℃以上)…大さじ1
スイートアーモンドオイル…小さじ2
エッセンシャルオイル(好みで→P117)…1～4滴

1 植物性レシチンに熱湯を加え、溶かしながらよく混ぜる。
2 常温またはそれ以上のあたたかいスイートアーモンドオイルを加えて撹拌し、乳化したらできあがり。好みでエッセンシャルオイルを加える。

note
・スイートアーモンドオイルは常温以上であれば、分離する心配がありません。もしも分離してしまったら、あたためて撹拌してください。
・腐りやすいので、作ったその日に使い切りましょう。

オートミールのクレンジングウォーター

湿疹などの肌トラブルによるかゆみや刺激をやわらげるオートミールを使ったレシピ。
石けんやスキンケアオイルを使いたくないときにもおすすめ。

石けんの
かわりとして

材料(1回分)
オートミールパウダー…小さじ1
熱湯(60℃以上)…大さじ2

1 オートミールパウダーに熱湯をそそぎ、軽く混ぜる。
2 そのまま冷ます。

note
・ 冷めてから、上澄み液をコットンに含ませて使います。
・ 腐りやすいので、作ったその日に使い切りましょう。

クレンジングローズウォーター

クレンジングや石けん洗顔後のクレンジングトーナーとして、また、化粧水としても使えます。
アイメイクアップリムーバーを使ったあとの、目のまわりの拭き取りにもおすすめ。

とくに
クレンジング
トーナーとして

材料(1回分)
ローズウォーター…大さじ2
植物性グリセリン…小さじ1/4

1 ローズウォーターと植物性グリセリンをボトルなどに入れる。
2 ボトルのふたをしっかり閉めて、シェイクする。

note
・ ローズウォーターによっては、冷蔵庫保存が必要なものと常温保存が可能なものがあります。お手持ちのローズウォーターの保存方法に合わせて保管をするようにしましょう。

ココアのクレンジングミルク

チョコレートの香りがストレスを緩和。アンチエイジング効果が期待でき、パックとしても使えます。
塗るとポカポカとあたたかくなるので、毛穴が収縮されず、血行も促進されるため、
冬場のスキンケアにはとくにおすすめです。

とくに
乾燥肌や
脱水ぎみの肌に

材料(1回分)
ココアパウダー…小さじ1/2
クリーム(コーヒーフレッシュやホイップクリームなど)…小さじ1/2
植物性グリセリン…小さじ2

1 すべての材料を混ぜ合わせる。

ハニーニュートライザー

ノーメイクの日のクレンザーとして、また、クレンジングオイルやマッサージオイル使用後のベタつき感の緩和に。

材料(作りやすい分量)
はちみつ…大さじ1
植物性グリセリン…大さじ1

とくにオイル
クレンジングの
あとに

1 はちみつとグリセリンを混ぜ合わせる。

note
・ 基本的に腐らないので、少し多めに作ってもいいです。

Cleansing Scrubs クレンジングスクラブ

メイクや肌の汚れとともに、古い角質も落としてくれるクレンジングスクラブ。
スクラブすることにより、シミやソバカス、小ジワ、肌のくすみ、ニキビ痕などの改善が期待できます。
また、化粧品の有効成分や水分を肌に吸収しやすくしてくれます。

使い方

2分くらい螺旋を描きながらスクラブして洗顔するのが基本です。なめらかに指が動くようにするのがポイントで、水分が少ないレシピや指がうまくすべらない場合は、肌や指に水をつけながら行うといいです。

注意

1日に何度もスクラブしたり、長時間のスクラブは、肌の水分を逃がしてしまいます。スクラブのやりすぎは禁物。

ブラウンライスのクレンジングスクラブ

古い角質を落とし、さっぱり洗いながらも肌をしっとりさせてくれるクレンジング。

とくに
オイルを
使いたくない
ときに

材料（1回分）
ブラウンライスフラワー（玄米粉）…大さじ1
熱湯（60℃以上）…大さじ2
はちみつ…小さじ1

1 ブラウンライスフラワーに熱湯をそそぎ、はちみつを加えて混ぜる。

note
・ 腐りやすいので、作ったその日に使い切りましょう。
・ 肌にさっぱりとしすぎるときは、スイートアーモンドオイルを小さじ1/2加えるといいでしょう。

オイルフリーのファンゴクレンジングスクラブ

肌質を選ばない、海から採掘されたクレイの肌にやさしいスクラブです。
オイルフリーなのでさっぱりと洗い流せます。ライトメイク用のクレンジングとして、
また、シミやくすみの気になる人におすすめ。

とくに
シミやくすみが
気になる肌に

材料（1〜2回分）
マリーンファンゴ…小さじ1
植物性グリセリン…大さじ1
エッセンシャルオイル（好みで→P117）…1〜3滴

1 マリーンファンゴと植物性グリセリンを混ぜ合わせ、好みでエッセンシャルオイルを加える。

note
・ 基本的に腐らないので、少し多めに作ってもいいです。

オートミール＆ハニーのクレンジングスクラブ

マイルドなクレンジング作用のあるオートミールとはちみつのスクラブ。
敏感肌にやさしいクレンジングです。

とくに
乾燥した
敏感肌に

材料（1回分）
オートミールパウダー…大さじ1
熱湯（60℃以上）…大さじ1
はちみつ…小さじ1
エッセンシャルオイル（好みで→P117）…1〜3滴

1 オートミールパウダーに熱湯をそそぐ。
2 はちみつを加えて混ぜ合わせ、好みでエッセンシャルオイルを加える。

note
・ 腐りやすいので、作ったその日に使い切りましょう。

ライスブラン&クレイのクレンジングスクラブ

米ぬかと、毛穴の汚れや毒素を排出させるクレイを使った、デトックス効果のあるクレンジング。
フェイスパックとしてもおすすめ。

とくに
毛穴ケアを
したいときに

材料(1回分)
ライスブラン(米ぬか)…小さじ1
カオリン(ホワイト)…大さじ1
水…小さじ1くらい
植物性グリセリン…小さじ1

1 すべての材料を混ぜ合わせる。

note
・ 腐りやすいので、作ったその日に使い切りましょう。

アーモンドとはちみつのクレンジングスクラブ

ソフトな肌触りのナチュラルスクラブ。アーモンドに含まれる適度なオイルと
美白作用のあるヨーグルトとはちみつが、肌をやわらかくなめらかにし、
白くツヤのある肌へと導きます。フェイスパックとしてもおすすめ。

とくに
シミやくすみが
気になる肌に

材料(1回分)
アーモンドミール…小さじ2
はちみつ…小さじ1
ヨーグルト…大さじ1

1 すべての材料を混ぜ合わせる。

note
・ 腐りやすいので、作ったその日に使い切りましょう。

マッドクレンジングスクラブ

毛穴の汚れやつまりを取りのぞくホホバオイルにクレイを加えた、肌にやさしいスクラブです。
シミやくすみ、毛穴の汚れが気になる人におすすめ。

とくに
くすみや毛穴の
汚れが気になる
ときに

材料(1～2回分)
ホホバオイル…大さじ1
レッドモンドクレイ…大さじ1

1 ホホバオイルとレッドモンドクレイを混ぜ合わせる。

note
・ 酸化しにくく、また基本的に腐らないため、少し多めに
作ってもいいです。

Fruit Enzyme Peels フルーツエンザイムピール

フルーツに含まれる酵素を使ったエンザイムピール。洗顔では落としきれない毛穴の汚れをすっきりとさせ、古い角質や肌のくすみをなくして、なめらかで透明感のある肌に導いてくれます。
ニキビのできやすい肌やくすみ、シミの気になる人にとくにおすすめ。

使い方

フェイスマスクのように洗顔後の清潔な肌に塗り、5〜20分くらいたったら、洗い流します。

パパイアのエンザイムピール

たんぱく質を分解する酵素が多く含まれたパパイアを使ったパック。肌の古い角質を取りのぞくようにはたらきかけ、やわらかくスベスベの肌に。

とくに
シワのない柔軟な
肌づくりに

材料（1回分）
パパイアの果肉…大さじ1
キサンタンガム（必要であれば）…耳かき1～3

1 パパイアは果肉の部分をすりおろす。
2 パパイアの水分量が多く、顔に塗ると流れ落ちてきそうな状態であれば、キサンタンガムをふりかけて、溶かすようにしばらく混ぜ、15分くらい置いてジェル化させる。

note
・ すりおろしたら、そのまま顔に塗って使います。パパイアの水分量が多いときは、キサンタンガムを加える方法のほか、ガーゼやフェイスマスクシートを顔にのせてから塗ると、流れ落ちずにうまくパックできておすすめです。

ベリーのエンザイムピール

ベリーのマイルドな剥離作用で肌をなめらかに。美白効果のあるエラグ酸も豊富で、肌の血色をよくしてくれる効果も期待できます。

とくに穏やかな
ピーリングで
美白づくりを
したいときに

材料（1回分）
ラズベリー…4個
イチゴ…1個
キサンタンガム（必要であれば）…耳かき1～3

1 ラズベリーとイチゴはミキサーやフードプロセッサーなどを使ってペースト状にする。
2 ラズベリーとイチゴの水分量が多く、顔に塗ると流れ落ちてきそうな状態であれば、キサンタンガムをふりかけて、溶かすようにしばらく混ぜ、15分くらい置いてジェル化させる。

note
・ ペースト状のものをそのまま顔に塗って使います。ベリー類の水分量が多いときは、キサンタンガムを加える方法のほか、ガーゼやフェイスマスクシートを顔にのせてから塗ると、流れ落ちずにうまくパックできておすすめです。

パイナップルのエンザイムピール

パパイアと同様に酵素が多く含まれたフルーツ。とくにニキビや傷痕のあるブレミッシュスキンにおすすめ。酵素には消化吸収を助けるはたらきがあるので、パックするだけではなく、食べて内側からも美しい肌に。

とくに
顔の角質ケアを
したいときに

材料（1回分）
パイナップルの果汁… 大さじ1
はちみつ（敏感肌の場合）…小さじ1/4

1 パイナップルの果肉をガーゼなどに包み、果汁をしぼる。
2 肌刺激が強い場合、はちみつを加える。

note
・ フェイスマスクシートやコットン（1つを3～4枚に薄くはがしたもの）に果汁をひたして、肌に塗布します。

アップルソースのエンザイムピール

リンゴのマイルドな剥離作用を生かしたピーリングマスク。はちみつを加えて肌あたりをやさしく。

とくに
乾燥や老化の
気になる肌に

材料（1回分）
リンゴのピューレ…大さじ1
はちみつ…小さじ1
キサンタンガム（直接塗る場合）…耳かき1～3

1 リンゴの果肉はミキサーやフードプロセッサーなどでピューレにする。
2 はちみつを加えて混ぜ合わせ、アップルソースを作る。肌に直接塗る場合は、キサンタンガムをふりかけて、溶かすようにしばらく混ぜ、15分くらい置いてジェル化させる。

note
・ キサンタンガムを加えずに、ガーゼやフェイスマスクシートを顔にのせて、そのままアップルソースを塗ってもいいです。

Skin Lightening Masks ホワイトニングマスク

シミやソバカスの気になる人におすすめのホワイトニング作用のある成分を含んだ素材で作るレシピ。

酒粕のフェイス&ボディマスク

コウジ酸やアルブチンなど美白作用のある成分が含まれている酒粕。甘酒を作りながら、一緒にスキンケア！

とくに
顔や手の甲に

材料（1〜2回分）
酒粕…大さじ1
湯（42℃くらい）…大さじ1＋適宜

1 酒粕と湯を混ぜて、体温よりやや高めのあたたかさのある、塗りやすいかたさのペーストにする。

note

- ボディマスクとしてもおすすめのレシピ。分量の大さじ1を、それぞれ1カップくらいに増量して作るといいでしょう。
- 沸騰した湯を使うと酒粕の効果が損なわれてしまうため、湯は熱すぎないように要注意。

ブルーベリーとヨーグルトのフェイスマスク

ブルーベリーのエラグ酸、ヨーグルトのラクトフェリン、はちみつの酵素の3つのホワイトニング効果を生かした美白のためのマスク。

とくにオイリー
スキンに

材料（作りやすい分量）
ブルーベリー…12個くらい
ヨーグルト…大さじ6
はちみつ…小さじ1
キサンタンガム（必要であれば）…耳かき2〜4

1 すべての材料をミキサーやフードプロセッサーなどにかける。
2 ブルーベリーの水分量やヨーグルトのかたさによって顔に塗ると流れ落ちてきそうな状態であれば、キサンタンガムをふりかけて、溶かすようにしばらく混ぜ、15分くらい置いてジェル化させる。

note

- ブルーベリーの分量は、ヨーグルト大さじ1に対して2個くらいが目安です。
- キサンタンガムを加えずに、ガーゼを顔にのせて、そのまま塗ってもいいです。
- 腐りやすいので、作ったその日に使い切りましょう。
- フェイス用に使ってあまったら、ボディマスクとしてからだの気になる部分にも使うといいでしょう。

エッグノッグのフェイス&ボディマスク

メラニンの生成を抑制する効果があるといわれるブランデーを加えた卵とミルクのマスク。シミが気になる部分に。

とくに
顔や体のシミが
気になるときに

材料（作りやすい分量）
卵…1個
バターミルクパウダー…大さじ1
ブランデー…小さじ1
水…小さじ2

1 バターミルクパウダー、ブランデー、分量の水をよく混ぜ合わせる。
2 卵を加えてよく混ぜる。

note

- 腐りやすいので、作ったその日に使い切りましょう。
- フェイス用に使ってあまったら、ボディマスクとしてからだの気になる部分にも使うといいでしょう。
- バターミルクパウダーは、ボディローションから入浴剤や石けんまで、スキンケアによく使われている天然保湿剤です。アロエと同じように、欧米では日焼け後のケアなどに古くから使われている素材です。

ニンジンとミルクのマスク

肌の弾力を回復させて、なめらかにやわらかくするニンジンを使ったレシピ。バターミルクパウダーに含まれるラクトフェリンとニンジンのビタミン類がシミとシワの改善をうながします。

とくに老化した
肌のシミや
くすみに

材料（作りやすい分量）
ニンジンの果汁…小さじ2〜3
バターミルクパウダー…小さじ3

1 ニンジンの果汁とバターミルクパウダーをよく混ぜ合わせ、ペースト状にする。

note

- 腐りやすいので、作ったその日に使い切りましょう。
- フェイス用に使ってあまったら、ボディマスクとしてからだの気になる部分にも使うといいでしょう。

Anti-aging Masks アンチエイジングマスク

肌の老化を遅らせる効果で、実年齢よりも若く美しい肌づくりを。

スイカのフェイスマスク

アミノ酸の一種であるシトルリンたっぷりのスイカを使ったマスク。
スイカエキスは、紫外線によるシミやシワの原因となる活性酸素を
おさえるはたらきがあるといわれています。

とくに夏の
スキンケアに

材料(1回分)
スイカの果汁…小さじ3くらい

1 スイカの果肉をガーゼなどに包み、果汁をしぼる。

note

・ スイカの果汁をガーゼやコットン、フェイスマスクシートなどにひたし、それを顔に塗布して使います。
・ 腐りやすいので、作ったその日に使い切りましょう。

豆乳と抹茶のマスク

フラボノイドが豊富な葛と豆乳に、抗酸化作用のある抹茶を配合したマスク。
肌の若々しさのキープに役立つ成分が豊富で、くすみや古い角質を取りのぞき、
白く美しい肌に導きます。また、毛穴の汚れや黒ニキビが気になる人におすすめ。

とくに
毛穴ケアを
したいときに

材料(1回分)
豆乳…大さじ2
抹茶…小さじ1/8
本葛粉…小さじ1くらい

1 抹茶と本葛粉を小鍋に入れて、よく混ぜ合わせる。
2 豆乳を加え、弱火にかけてあたため、とろみをつける。

note

・ 腐りやすいので、作ったその日に使い切りましょう。
・ 葛粉は添加物のない葛100%のものを使います。

ザクロのマスク

抗酸化作用の高いザクロを使ったマスク。ザクロに含まれる成分は、
老化やガンの原因となるフリーラジカルの影響を少なくするといわれています。
肌の老化が気になり始めた人に。

とくに
紫外線による
肌の老化が
気になる人に

材料（1回分）
ザクロジュース…大さじ3
キサンタンガム…小さじ1/8
植物性グリセリン…小さじ2〜3

1 ザクロジュースにキサンタンガムを加えて混ぜ合わせ、ジェル化させる。
2 ダマがなくなったら、植物性グリセリンを加える。

note
・ 腐りやすいので、作ったその日に使い切りましょう。
・ フェイス用に使ってあまったら、ボディマスクとしてからだの気になる部分にも使うといいでしょう。

チョコレートのフェイス＆ボディマスク

ココアに含まれるポリフェノールやミネラル、
カフェインを生かしたアンチエイジング効果が期待できるマスク。
マシュマロに含まれるコラーゲンにミルクも加えて、なめらかで美しい肌に。

とくに血色を
よくしたい肌に

材料（作りやすい分量）
チョコレートチップ…大さじ1〜2
マシュマロ…1/2〜3/4カップ
牛乳…大さじ2

1 マシュマロは4等分にして、1/2カップ分計量する。
2 すべての材料を耐熱容器に入れて、湯煎または電子レンジで溶かし、混ぜ合わせる。ゆるいときはマシュマロの量を増やし（1/4カップ分くらい）、使いやすいかたさのペーストにする。

note
・ 腐りにくいですが、なるべく早く使い切りましょう。また、すっぱいリンゴやイチゴにつけて食べるとてもおいしく、おすすめです。

Rejuvenating Masks リジュヴィネイティングマスク

肌に栄養をあたえて、健康で若々しく。若さのない肌やドライスキンにおすすめ。

きな粉と黒みつのフェイスマスク

大豆サポニンたっぷりのきな粉とミネラルが豊富な黒みつに黒ゴマの栄養をプラスしたマスク。
ゴマに含まれるオイルにはビタミンやミネラルが豊富で
スキンケア効果にすぐれているといわれています。

とくに
水分不足の
乾燥した肌に

材料（1回分）
きな粉…小さじ1
黒みつ…小さじ3
すり黒ゴマ…小さじ1

1 すべての材料を混ぜ合わせる。

note
・ フェイス用に使ってあまったら、ボディマスクとして潤いのない乾燥した部分にも使うといいでしょう。
また、バニラアイスクリームやお餅にかけて食べるととてもおいしく、おすすめです。

イチゴパンケーキのフェイスマスク

私の祖母のシンプルな卵のパックのレシピに、
引き締め作用や美白作用のあるイチゴを加えてアレンジしたマスク。
メープルシロップの保湿作用と卵のプロテインが肌にやさしくはたらきかけます。

とくに
保湿と美白の
ケアに

材料（作りやすい分量）
卵…1個
イチゴ…1個
メープルシロップ…小さじ1
小麦粉…大さじ3
牛乳…大さじ1

1 すべての材料を混ぜ合わせる。

note
・ フェイス用に使ってあまったら、ボディマスクとしてシミや日焼けの気になる部分にも使うといいでしょう。
また、パンケーキ用の生地としてそのままフライパンで焼いて食べるととてもおいしく、おすすめです。

アボカドとバナナのフェイスマスク

とくに乾燥した
栄養のない肌に

**ビタミン類が豊富なアボカドとバナナを使ったマスク。使用後は、肌がしっとりとします。
ヘアケアにもすぐれ、痛んだ髪の毛のトリートメントとして使うと、ツヤとハリをあたえます。**

材料（作りやすい分量）
アボカド…小さじ2
バナナ…小さじ2
はちみつ（必要であれば）…小さじ1/4

1 アボカドとバナナをすりおろすか、フォークでつぶしてペースト状にする。
2 はちみつを加えて混ぜ合わせる。

note
・ フェイス用に使ってあまったら、ボディマスクとして油分の少ない乾燥した部分にも使うといいでしょう。

ミルク＆ハニーのフェイスマスク

とくにシミや
くすみの気になる
乾燥肌に

**美白、保湿作用のあるはちみつを使ったシンプルなマスク。
欧米でシミのケアに使われているバターミルクパウダーを加えて。**

材料（作りやすい分量）
バターミルクパウダー…小さじ1
はちみつ…大さじ1

1 バターミルクパウダーとはちみつをよく混ぜ合わせる。

note
・ フェイス用に使ってあまったら、ボディマスクとして紫外線にあたりやすい部分にも使うといいでしょう。

フェイシャルスキンケアのポイント

プロフェッショナルなスキンケアの基本の方法です。下記のプロセスで行うのが本格的なエステティックサロンで行われているフェイシャルスキンケアのコース。ていねいに行っていくと、効果はてきめん！ ぜひ、トライしてみてください。

1 クレンジング
数分間、小さい螺旋を描きながら汚れを落とします。

↓

2 ダブルクレンジングまたはディープクレンジング
これはオプション的なもので、メイクをしている人など、必要に応じて行います。

↓

3 スクラブまたはエンザイムピール
肌のターンオーバーをうながし、シミやくすみを防ぐとともに、有効成分を肌に浸透させやすくします。

↓

4 フェイシャルスティーム
このあとのケアの効果をアップさせるために毛穴を広げます。

↓

5 エクストラクション
指やツールを使って、ていねいにひとつひとつの毛穴の汚れやコメド（角栓）を押し出すテクニックです。

↓

6 フェイスマスク
肌に栄養をあたえたり、肌のトラブルをおさえたり、肌の状態に合わせてマスクを選びます。

↓

7 スキントナー
拭き取りローションとして、また、肌に水分を補給するために使います。

↓

8 モイスチュアライザー／サンブロック
モイスチュアライザーやサンブロックなどで、肌の水分を逃がさないようにとじこめます。

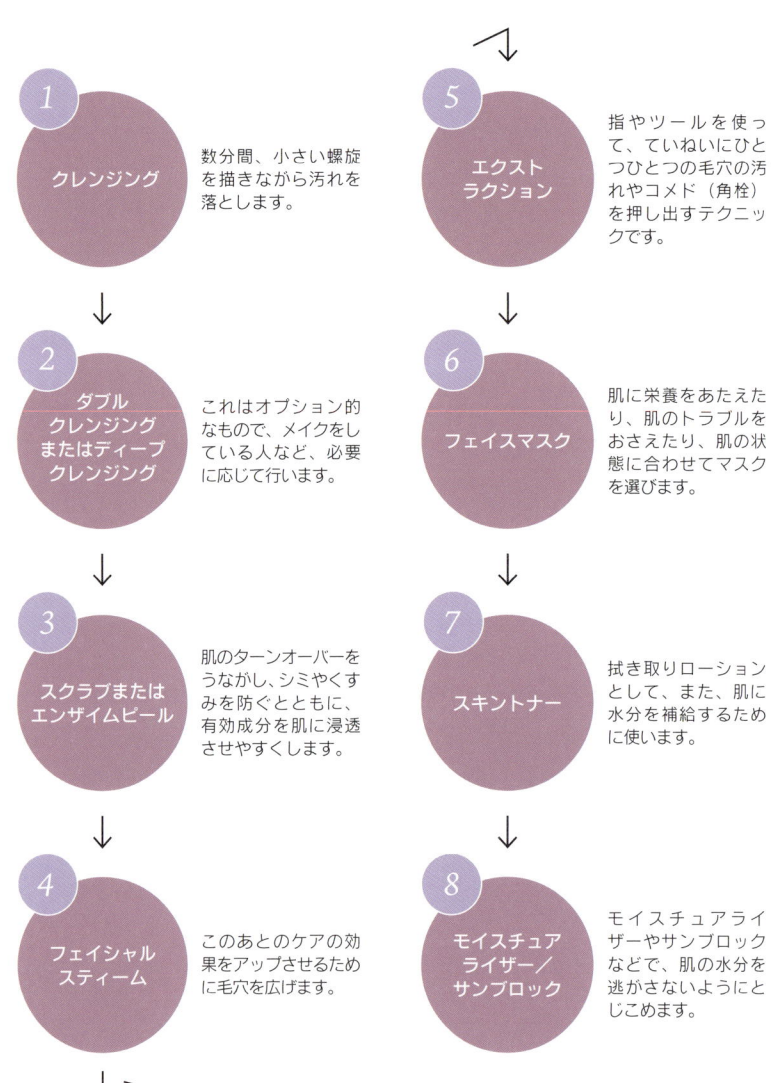

Chapter 2

Face & Body Care
フェイス＆ボディケア

洗顔後や出かける前、入浴後などに使うスキンケアプロダクト。
手作りのリップ＆ボディバターやサンブロック、
フェイス＆ボディミストなど、
毎日のスキンケアに役立ついろいろなレシピを紹介します。

Skin Toners & Astringents スキントーナー＆アストリンゼント

みずみずしく若さのある肌をキープするには、肌への水分補給が大切。
水分不足の肌は、シミやシワができやすく、老化が促進されてしまいます。
肌質に関係なく、肌は水分不足になるため、化粧水は欠かせないアイテム。
肌質や状態に合わせて選びましょう。

! 注意

基本的に保存料を使わないレシピですので、冷蔵庫で保存するか、常温保存の場合はグレープフルーツシードエクストラクトなどの保存料を加えるようにしましょう。スプレーボトルやポンプタイプの容器には0.5%、一般的なフタを開けて使う化粧水容器には1%加えます。グレープフルーツシードエクストラクトを配合すると2～3か月は常温保存できますが、基本的に果汁を使ったレシピは1か月以内に使うのがおすすめです。

にんじんのスキントーナー

ビタミン類がいっぱいのにんじんジュースを使ったジェルタイプのローション。大豆に多く含まれるイソフラボンは葛にも多く含まれており、シミを防ぐ効果が期待できます。

とくに
シミやくすみが
気になる肌に

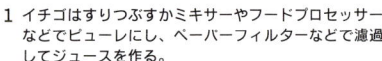

材料（作りやすい分量）
にんじんの果汁…小さじ1
本葛粉…小さじ1
水…小さじ6～大さじ6
はちみつ…小さじ1/4

1 本葛粉と分量の水をよく混ぜ合わせ、弱火にかけて、透明になるまでしっかり混ぜ続ける。
2 にんじんの果汁とはちみつを加え、混ぜ合わせる。

note
・水の分量を小さじ6にするとジェル化粧水に、大さじ6にすると化粧水になります。
・葛粉は添加物のない葛100%のものを使います。

イチゴのスキントーナー

美白効果のあるエラグ酸が豊富なイチゴのローション。

とくに
シミやくすみが
気になる肌に

材料（作りやすい分量）
イチゴのジュース…小さじ1
水…大さじ1
水あめ…小さじ1/8ぐらい

1 イチゴはすりつぶすかミキサーやフードプロセッサーなどでピューレにし、ペーパーフィルターなどで濾過してジュースを作る。
2 濾過したイチゴのジュースに分量の水、水あめを加え、混ぜ合わせる。

note
・水あめの代わりにアガベシロップやはちみつを使ってもいいです。

ローズウッドのスキントーナー

美容効果の高いローズウッドを使ったローション。アルコールフリーで、すべての肌質に使えます。子どものスキンケアやボディミストにもおすすめな便利な美肌水。

とくに
ニキビ肌や
敏感肌、老化が
目立つ肌に

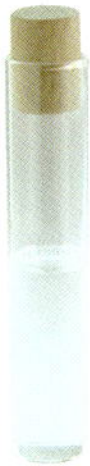

材料（作りやすい分量）
ローズウッド（エッセンシャルオイル）…1～3滴
植物性グリセリン…小さじ1/4～1
精製水…大さじ4

1 植物性グリセリンとローズウッドを混ぜ合わせる。
2 精製水を加えて、よく混ぜる。

note

- 精製水のかわりにミネラル成分の多い硬水などのミネラルウォーターで作ると、よりスキンケア効果が高まり、おすすめです。

カラミンローション

ニキビや日焼け後の炎症した肌、赤ちゃんのおむつかぶれやあせも、湿疹や虫さされ、乾燥によるかゆみのケアに。肌の炎症をおさえる酸化亜鉛を使って作ります。

とくに
炎症した肌に

材料（作りやすい分量）
酸化亜鉛…小さじ1
植物性グリセリン…小さじ1/4～1
精製水…大さじ4

1 すべての材料を混ぜ合わせる。

note

- 酸化亜鉛は沈殿するため、よくシェイクしてから使います。
- かゆみや炎症をおさえるローションのため、作ったその日に使い切ってしまうか、保存料を加えて保存するようにしましょう。

ミントのアストリンゼント

日本酒を使ったアストリンゼント。 ニキビができやすい肌やオイリースキンに、また脱毛後やひげ剃り後のアフターシェービングローションに。

とくに毛穴の
収斂と殺菌が
必要な肌に

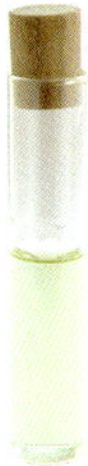

材料（作りやすい分量）
純米酒…大さじ4
ミントの葉（生）…2～3枚

1 日本酒にミントの葉を入れて、数日間ひたしておく。

note

- 数日たったら化粧水を肌につけて、使い心地をチェックしましょう。メントールの清涼感が弱く感じるときは、さらに数日ほどひたして、好みの清涼感にします。また、ミントの葉を増やせば、短期間で作ることもできます。ミントは乾燥したものでもOK。
- アルコールに刺激を感じる場合は、水で希釈して使ったり、あたためながらアルコールをとばして使用するといいでしょう。

ローズフラワーのスキントーナー

肌のキメをととのえるローズウォーターにローズの花びらでほんのり色づけした見た目の美しいローション。肌質を選ばず、ボディケアにもおすすめです。

とくに
肌のキメを
ととのえたい
ときに

材料（作りやすい分量）
レッドローズの花びら（乾燥）…小さじ1～2
ローズウォーター（ハイドロソル）…大さじ4
植物性グリセリン…小さじ1/4くらい

1 レッドローズの花をローズウォーターに入れ、好みの色に色づいたら、ペーパーフィルターなどを使って濾過しながらローズの花びらを取りのぞく。
2 濾過したローズウォーターに植物性グリセリンを加える。

Layered Face & Body Mists
レイヤード・フェイス＆ボディミスト

スキンケアオイルとハイドロソルで作る2層のミスト。
化粧水だけではもの足りないときや、乳化剤を使いたくないときのスキンケアにおすすめ。
フェイスにもボディにも使えます。
スキンケアオイルとハーブウォーターの割合を、季節や使用感で変えて使うことができます。

(!) 使い方

スプレーボトルに入れて、使う前にしっかりシェイクするのがポイント。

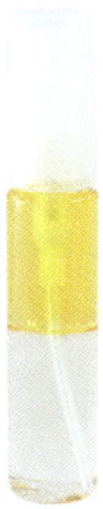

ホホバ＆ローズのレイヤードミスト

オールスキンタイプに使えるホホバオイルと、
肌のキメをととのえてくれるローズウォーターを使ったミスト。

材料（作りやすい分量）
ホホバオイル…大さじ1
ローズウォーター（ハイドロソル）…大さじ1

1 材料をボトルに入れる。

とくに
老化してきた肌や
ニキビの
できやすい肌に

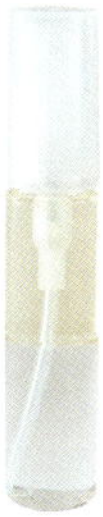

サンフラワー＆カモマイルのレイヤードミスト

赤ちゃんのスキンケアにおすすめなカモマイルウォーターとサンフラワーを使ったミスト。
赤ちゃんからお年寄りまで家族みんなで使えます。

材料（作りやすい分量）
サンフラワーオイル…大さじ1
カモマイルウォーター（ハイドロソル）…大さじ1

1 材料をボトルに入れる。

とくに敏感肌や
子どもの
デリケートな
肌のケアに

グレープ＆ローズマリーのレイヤードミスト

マイルドな収斂作用があるグレープシードオイルと、
収斂作用や美容効果のあるローズマリーウォーターを使ったミスト。

材料（作りやすい分量）
グレープシードオイル…大さじ1
ローズマリーウォーター（ハイドロソル）…大さじ1

1 材料をボトルに入れる。

とくにたるみや
老化の気になる
肌や脂性肌に

ラベンダー＆ブルーカモマイルのレイヤードミスト

浸透性が高く、保湿にすぐれたオリーブスクワランと、
同様に保湿力にすぐれたラベンダーウォーターを使ったミスト。
皮膚の炎症に効果があるといわれるアズレンを含むブルーカモマイルのエッセンシャルオイルも配合し、
赤ちゃんから敏感肌、皮膚トラブルのある肌にやさしく作用してくれます。

材料（作りやすい分量）
オリーブスクワランオイル…大さじ1
ラベンダーウォーター（ハイドロソル）…大さじ1
ブルーカモマイル（エッセンシャルオイル）…1滴

1 オリーブスクワランオイルをボトルに入れて、ブルーカモマイルを加え、よくシェイクする。
2 仕上げにラベンダーウォーターをボトルにそそぎ入れる。

とくに
ニキビなどで
赤みのある肌に

note
・ オリーブスクワランオイルのかわりにホホバオイルで作ってもいいです。

Lecithin Creams レシチンクリーム

合成乳化ワックスを使わずに、大豆レシチンで作るナチュラルなクリーム。
水分と油分から成るクリームは、肌を保水してくれるとともに、
油分が水分の蒸発を防いで潤いをキープしてくれます。
フェイスやボディだけではなく、ヘアパックにも。頭から足の先まで使えておすすめです。

注意

大豆レシチンは、温度が低いと乳化しません。乳化しないときは、あたため直しましょう。また、クリームが分離しないように、しっかり攪拌することが大切です。クリームのかたさは、水の量を加減して調節します。また、レシチンクリームはとても腐敗しやすいため、作ったその日に使い切るようにしましょう。冷蔵庫で保存しても、数日後にカビがはえてしまうことがあります。

くるみのレシチンクリーム

シワ予防に効果があるといわれるウォールナッツオイルと、ビタミンEオイルを使ったクリーム。
水分の不足したカサつく肌におすすめ。

とくに
水分不足の
乾燥した肌に

材料（作りやすい分量）
ウォールナッツオイル…小さじ2
ビタミンEオイル…4～5滴
大豆レシチンパウダー…小さじ1
熱湯（60℃以上）…小さじ3
エッセンシャルオイル（好みで→P117）…1～3滴

1 ウォールナッツオイルとビタミンEオイルを合わせて60℃にあたため、大豆レシチンパウダーを加えてよく溶かす。
2 60℃以上の熱湯を少しずつ加えながら撹拌し、60℃をできるだけ保ちながらさらに撹拌し続け、乳化させる。仕上げに好みのエッセンシャルオイルを加えて混ぜ合わせる。

マンゴバターのレシチンクリーム

保湿作用が高く、紫外線から肌を守ってくれるクリーム。
作ってから数時間くらいのプルプルな状態のクリームは、フェイス＆ボディパックやヘアパックにおすすめ。
半日以上たったバタークリーム状のものは、ナイトクリームやハンドクリームに。

とくに敏感肌や
乾燥肌に

材料（作りやすい分量）
マンゴバター…小さじ2
大豆レシチンパウダー…小さじ1
熱湯（60℃以上）…小さじ4
エッセンシャルオイル（好みで→P117）…1～3滴

1 マンゴバターを60℃にあたため、大豆レシチンパウダーを加えてよく溶かす。
2 60℃以上の熱湯を少しずつ加えながら撹拌し、60℃をできるだけ保ちながらさらに撹拌し続け、乳化させる。仕上げに好みのエッセンシャルオイルを加えて混ぜ合わせる。

ココアバターのレシチンクリーム

チョコレートの甘い香りが心地よいクリーム。保湿作用が高く、乾燥や紫外線から肌を守ってくれます。
ハンドクリームやボディローションに、また乾燥した肌のボディラップ（P67参照）にもおすすめ。

とくに敏感肌や
ハンドケアに

材料（作りやすい分量）
ココアバター…小さじ1
キャスターオイル…小さじ1
大豆レシチンパウダー…小さじ1
熱湯（60℃以上）…小さじ3

1 ココアバターとキャスターオイルを合わせて60℃にあたため、大豆レシチンパウダーを加えてよく溶かす。
2 60℃以上の湯を少しずつ加えながら撹拌し、60℃をできるだけ保ちながらさらに撹拌し続け、乳化させる。

Lip & Body Butters リップ＆ボディバター

ココアバターやココナッツの天然素材の香りを生かして作るリップ＆ボディバター。
保湿効果の高い素材を使っているため、唇やボディを乾燥から守り、潤いをあたえます。
市販のリップケア品が使えず、いままで困っていた人には、とくにおすすめです。

チョコレートのリップ＆ボディバター

ホワイトチョコレートのような甘い香りがする保湿にすぐれたココアバターを使ったレシピ。
おいしいリップ＆ボディバターです。

とくに
潤いのないときの
ケアに

材料（5g容器4～5個分）
ココアバター…小さじ1
キャスターオイル…小さじ3
キャンデリラワックス…小さじ1/4くらい
マイカ（リップグロス用の色づけとして好みで）…小さじ1/4＋適宜

1 ココアバター、キャスターオイル、キャンデリラワックスを耐熱容器に入れて、80℃になるまで温度を上げて溶かし、数分間よくかき混ぜる。リップグロスとして色づけする場合、さらにマイカを加えて、混ぜ合わせる。

note

・ 温度が80℃より低かったり、混ぜ方がたりないと、なめらかにならず、ザラザラとしたものになってしまいます。高温でワックスを溶かし、よくかき混ぜるのがポイント。また、キャンデリラワックスの量を加減して、好みのかたさにするといいでしょう。
・ 天然素材だけで作るため、夏場はやわらかくなったり、冬場はかたくなったりします。また、気温によってもかたさが変化します。
・ マイカは、濃い色にしたいときは多めに加えます。写真（下）のものは、ローズピンクマイカを使用。

ココナッツのリップ＆ボディバター

抗酸化作用の高いビタミンEオイルと、紫外線によるダメージを緩和するといわれるココナッツを合わせた、日差しから肌を守ってくれるレシピ。甘いココナッツの香りがやさしいリップ＆ボディバターです。

とくに
ツヤのないときの
ケアに

材料（5g容器4～5個分）
バージンココナッツオイル…小さじ2
ビタミンEオイル…小さじ2
キャンデリラワックス…小さじ1/4くらい
マイカ（リップグロス用の色づけとして好みで）…小さじ1/4＋適宜

1 ビタミンＥオイルとキャンデリラワックスを耐熱容器に入れて、75℃になるまで温度を上げて溶かし、数分間よくかき混ぜる。
2 バージンココナッツオイルを加えて、しっかり混ぜ合わせる。リップグロスとして色づけする場合、さらにマイカを加えて、混ぜ合わせる。

note
・ 温度が75℃より低かったり、混ぜ方がたりないと、なめらかにならず、ザラザラとしたものになってしまいます。高温でワックスを溶かし、よくかき混ぜるのがポイント。また、キャンデリラワックスの量を加減して、好みのかたさにするといいでしょう。
・ ココナッツオイルは高温であたためすぎると、酸化臭がすることがあるため、すべての材料を一度に溶かさず、少しずつ溶かしていくようにしましょう。
・ 天然素材だけで作るため、夏場はやわらかくなったり、冬場はかたくなったりします。また、気温によってもかたさが変化します。
・ マイカは、濃い色にしたいときは多めに加えます。写真（下）のものは、シャーベットピンクマイカを使用。

ミントのリップスティック

**さわやかなミントを配合したレシピ。荒れた唇をしっとりなめらかに。
カラーラントでほんのり色をつけると、ステキなリップモイスチュアライザーになります。**

とくに
唇の荒れに

材料（リップバームチューブ4本分）
キャスターオイル…小さじ4～5
キャンデリラワックス…小さじ1
ミントオイル…8～12滴
マイカ（色づけとして好みで）…耳かき3～4＋適宜

1 キャスターオイルとキャンデリラワックスを耐熱容器に入れて、75℃になるまで温度を上げて溶かし、数分間よくかき混ぜる。
2 ミントオイルを入れてしっかり混ぜ、さらに色づけする場合、マイカを少しずつ加えながら混ぜ合わせ、好みの色に仕上げて容器に流し入れる。

note
・ 温度が75℃より低かったり、混ぜ方がたりないと、なめらかにならず、ザラザラとしたものになってしまいます。高温でワックスを溶かし、よくかき混ぜるのがポイント。
・ マイカの量を多くする場合は、キャスターオイルの量も増やしていかないと、かたいバームになってしまいます。たとえば、マイカを小さじ１ほど加えるとき、キャスターオイルは小さじ５強で作るのが目安です。写真の真ん中のブルー系のものはブルーマイカを、写真の右側のグリーン系のものはブルーマイカとイエローマイカを使用。
・ ミントオイルは、ハッカ油やフレイバーオイルのブルーミントなどを使うといいでしょう。メントールクリスタルを耳かき1～2の分量で作ってもいいです。

Sunblocks サンブロック

ナチュラルなサンスクリーン剤であるフィジカルサンスクリーンは、
PABA（パラアミノ安息香酸）をはじめとした合成化学物質などは使わずに、
二酸化チタンや酸化亜鉛を使って紫外線を反射、拡散および吸収させます。
塗ると肌が白くなることもありますが、ファンデーションで色をカバーでき、紫外線遮断力もアップ。
また、サンブロックの白い成分が肌に残っている限りは塗り直す必要もなく、
肌刺激がほとんどないため、とくに敏感肌や赤ちゃんにおすすめです。

! 使い方

ペーストをできるだけうすくのばしてそのまま塗布、または、手作りクリームやリキッドファンデーションと混ぜて使ったり、ホホバオイルの量を増やしてすべりやすくして使います。混ぜる割合を、サンブロックペーストと同量の1：1にした場合、SPF（紫外線から肌を守る強さの数値）は約半分になります。また、手作りパウダーファンデーションと混ぜて使うこともできます。

! 注意

サンブロック用などとして肌に塗っても白くならないよう微粒子にした二酸化チタンなどがありますが、本書では紫外線反射効果や安全性の面などから一般的な粒子のものを使うことをおすすめします。また、取り扱うときには、粒子を吸い込まないように注意しましょう。

サンブロックペースト２種

乳化剤を使ったサンブロックとことなり、水をはじいてくれるサンブロック。ウォータープルーフとして使うこともできます。

バナナイエローの サンブロックペースト

肌のくすみを
目立たなくして
肌の赤みもおさえて
くれます

材料（作りやすい分量）
イエロー酸化鉄…耳かき3〜4
二酸化チタン（親油性）…小さじ3
ホホバオイル…小さじ3〜4

チェリーピンクの サンブロックペースト

肌に血色を
あたえてくれます

材料（作りやすい分量）
レッド酸化鉄…耳かき1くらい
二酸化チタン（親油性）…小さじ3
ホホバオイル…小さじ3〜4

1 酸化鉄と二酸化チタンを合わせ、ホホバオイルを少量加え、よく混ぜて色を均等にする。
2 残りのホホバオイルを加えて、混ぜ合わせる。

note
・ 酸化しにくく、また基本的に腐らないため、少し多めに作ってもいいです。
・ 二酸化チタンの白い色が肌に残っている間は、塗り直す必要はありません。

ココナッツのサンブロックペースト

ココナッツの甘い香りがするサンブロックは、子どもたちにも大人気。
サンブロックを塗ったあとにフェイス＆ボディパウダー（P48〜50参照）を使うと、
さらっとした肌になるだけでなく、紫外線防御効果も高まります。

とくに
紫外線に敏感な
肌や子どもの肌に

材料（作りやすい分量）
イエロー酸化鉄…耳かき3〜4
レッド酸化鉄…耳かき1
二酸化チタン（親油性）…小さじ3
分留ココナッツオイル…小さじ3〜4
バージンココナッツオイル…小さじ1/2

1 酸化鉄と二酸化チタンを合わせ、分留ココナッツオイルを少量加え、よく混ぜて色を均等にする。
2 残りの分留ココナッツオイルを加え、さらに溶けて液体になったバージンココナッツオイルを加えて（固体の場合は人肌くらいにあたためる）、混ぜ合わせる。

note
・ 酸化しにくく、また基本的に腐らないため、少し多めに作ってもいいです。
・ バージンココナッツオイルは、固体の場合は人肌くらいにあたためてください。室温が高く、すでに液体になっていれば、あたためる必要はないです。基本的に、オイル類は酸化を避けるため、できればあたためない方がいいです。

緑茶のサンブロックペースト

紫外線を緩和する分留ココナッツオイルに
抗酸化作用にすぐれた緑茶を浸出させたオイルを使ったサンブロック。
緑茶に多く含まれるビタミンKが血行促進と美白効果を高めてくれます。

とくに紫外線に
敏感な肌に

材料（作りやすい分量）
イエロー酸化鉄…耳かき3～4
レッド酸化鉄…耳かき1
二酸化チタン（親油性）…小さじ3
グリーンティーのフェイシャルオイル（P63）…小さじ3～4

1 酸化鉄と二酸化チタンを合わせて、グリーンティーのフェイシャルオイルを少量加え、よく混ぜて、色を均等にする。
2 残りのグリーンティーのフェイシャルオイルを加えて、混ぜ合わせる。

note
・ 酸化しにくく、また基本的に腐らないため、少し多めに作ってもOKです。

サンブロッククリーム＆ローション

サンブロックペーストと手作りのクリームやローションを混ぜると、
日焼け止め効果と保湿効果がプラスされたクリームやローションになります。
さらにサンブロックジェルと混ぜて使えば、さっぱりとした使い心地に。

とくに乳液や
クリームベース
作りに

材料（作りやすい分量）
手作りクリームまたはローション（P17のレシチンローション、P34～35、P39など）…適量
手作りサンブロックペースト（好みのもの→P43～44）…適量

1 手作りクリームまたはローションに、好みの手作りサンブロックペーストを加えて、混ぜ合わせる。

note
・ 1：1の割合で混ぜると、SPFは半分の数値になります。

アロエのサンブロックジェル

とくに
ウォーターベースの
ものを使いたい
ときに

さっぱりした使用感のオイルフリーのサンブロックジェルです。
スキンケアに万能なアロエベラジェルに、ポリフェノールが主成分で
ビタミンCが豊富なグレープフルーツの種からとれたエッセンスを配合。

材料（作りやすい分量）
アロエベラジェル…大さじ3
グレープフルーツシードエクストラクト…3～6滴
二酸化チタン（親水性）…小さじ1
キサンタンガム…小さじ1/8くらい
植物性グリセリン（必要であれば）…小さじ1/4くらい

1 アロエベラジェル、グレープフルーツシードエクストラクト、二酸化チタンをフタ付きの容器に入れる。フタをして、しっかりシェイクし、二酸化チタンが全体に行きわたるように混ぜる。
2 キサンタンガムを加えて、しばらくシェイクし続け、ダマのないジェル状にする。しっとり感がたりない場合は、植物性グリセリンを加えて、混ぜ合わせる。

note
・ 常温保存が可能です。

葛湯のサンブロックジェル

とくに肌が
白くならない方が
いいときに

葛湯に二酸化チタンを配合したオイルフリーのサンブロックジェル。
しっとりさらっとした使用感で、肌の保水にも役立ちます。

材料（作りやすい分量）
本葛粉（粉末）…小さじ1
二酸化チタン（親水性）…小さじ1
精製水…大さじ4
植物性グリセリン（必要であれば）…小さじ1/4くらい

1 本葛粉と二酸化チタンを精製水でよく溶かし、あたためながらジェル状にする。
2 しっとり感がたりない場合は、植物性グリセリンを加え、混ぜ合わせる。

note
・ しっとり感を加えるための植物性グリセリンの量は、季節や肌の状態で加減してください。
・ 腐りやすいので、冷蔵庫保存で数日以内に使い切るようにしましょう。常温保存させたい場合は、グレープフルーツシードエクストラクトを5～10滴ほど加えて混ぜ合わせると、2～3か月くらいは保存できます（基本的には、できるだけ早く使い切るようにしましょう）。
・ 葛粉は添加物のない葛100％のものを使います。

Sunblock Balms サンブロックバーム

海水浴やプールの日焼け止めとして、またコンシーラーとして使える
ウォータープルーフのサンブロック。
紫外線から肌を守るだけでなく、シミや毛穴を目立たなくし、
肌のトーンをととのえてくれるので美肌力アップ！

アロエのサンブロックバーム

鎮痛作用のあるアロエが含まれた肌にやさしいサンブロックバーム。

とくに海水浴や
野外スポーツの
ときに

材料(作りやすい分量)
アロエバター…大さじ1
ホホバオイル…大さじ2
キャンデリラワックス…小さじ1＋適宜
イエロー酸化鉄…小さじ1/8
ライトブラウン酸化鉄…耳かき1～2
二酸化チタン(親油性)…小さじ1

1 ホホバオイルとキャンデリラワックスは80℃にあたためて溶かし、よく混ぜ合わせる。
2 酸化鉄と二酸化チタンを加えて、さらによく混ぜ、アロエバターを加えてなめらかなペーストにする。

note

- 酸化していきますが、基本的に腐らないため、多めに作ってもいいです。
- コンシーラーとして使うこともできます。色が淡くカバー力が弱い場合はピグメント（二酸化チタンおよび酸化鉄）の量を2倍にするといいでしょう。また、ピグメントの量を加減すれば、好みの色に調節することもできます。

ココナッツのサンブロックバーム

ココナッツの甘い香りが心地よいサンブロックバーム。

とくに海水浴や
野外スポーツの
ときに

材料(作りやすい分量)
バージンココナッツオイル…大さじ1
ホホバオイル…大さじ2
キャンデリラワックス…小さじ1＋適宜
イエロー酸化鉄…小さじ1/8
ライトブラウン酸化鉄…耳かき1～2
二酸化チタン(親油性)…小さじ1

1 ホホバオイルとキャンデリラワックスは80℃にあたためて溶かし、よく混ぜ合わせる。
2 酸化鉄と二酸化チタンを加えて、さらによく混ぜ、バージンココナッツオイルを加えてなめらかなペーストにする。

note

- 酸化していきますが、基本的に腐らないため、多めに作ってもいいです。
- コンシーラーとして使うこともできます。色が淡くカバー力が弱い場合はピグメント（二酸化チタンおよび酸化鉄）の量を2倍にするといいでしょう。また、ピグメントの量を加減すれば、好みの色に調節することもできます。

Face & Body Powders フェイス＆ボディパウダー

フェイスパウダーは、モイスチュアライザーやサンブロックを塗って、
数分間ほど肌になじませてから使うと、
肌のべたつきやテカリがしっかりとおさえられるというすぐれもの。
また、ボディパウダーは、赤ちゃんにもやさしい素材だけで作るので、
デリケートな肌にもおすすめです。

コーンスターチのフェイス＆ボディパウダー

コーンスターチで作る植物ベースのパウダー。
アンチシャインパウダーやフィニッシングパウダーとしてもおすすめ。
汗をおさえてくれたり、消臭作用もあるのでボディパウダーにも。

とくに
脂性肌の人や
夏用のフェイス
パウダーに

材料（作りやすい分量）
コーンスターチ…大さじ2
カオリン（レッド）…小さじ1/2くらい

1 コーンスターチとカオリンをフタ付きの容器に入れ、フタをしてしっかりシェイクする。

note
・ 基本的に腐らないため、多めに作ってもいいです。

オールスキンタイプに

ミネラル・フェイスパウダー３種

二酸化チタンを配合した紫外線から肌を守ってくれるフェイスパウダー。
３つのタイプは、それぞれ質感やカバー力が違うので、肌の状態や用途で使い分けましょう。
アンチシャインパウダーやフィニッシングパウダーとしてもおすすめ。

TYPE 01

シアーパウダー

軽いつけ心地のパウダーで、透明感のある肌に。

材料（作りやすい分量）

カオリン（レッド）…小さじ1
二酸化チタン（親油性）…小さじ1/4
マットマイカ…大さじ3

TYPE 02

マットパウダー

気になるシミなどのカバー力にすぐれたパウダー。
二酸化チタンの量を増やすと、さらにカバー力がアップ。

材料（作りやすい分量）

カオリン（レッド）…小さじ1
二酸化チタン（親油性）…小さじ1
マットマイカ…大さじ2

TYPE 03

シマーパウダー

光沢のあるマイカを使ったフェイスパウダー。
透明感のある美しい肌に。

材料（作りやすい分量）

カオリン（レッド）…小さじ1
二酸化チタン（親油性）…小さじ1/4
パールホワイトマイカ…大さじ3～4

1 カオリンと二酸化チタンをフタ付きの容器に入れ、フタをしてしっかりシェイクする。
2 色が均等になったらマイカを加え、しっかりシェイクして混ぜ合わせる。

note

- サンブロック用などとして肌に塗っても白くならないよう微粒子にした二酸化チタンなどがありますが、本書では紫外線反射効果や安全性の面などから一般的な粒子のものを使うことをおすすめします。また、取り扱うときや、使用するときには、粒子を吸い込まないように注意しましょう。
- 二酸化チタンを増やすと、カバー力がアップします。
- 基本的に腐らないため、多めに作ってもいいです。

葛粉のボディパウダー

植物由来のパウダーを使いたいけれど、コーンスターチが肌に合わないという人に。
ベビーパウダーやフェイスパウダーとしてもおすすめです。

とくに
汗ばむ季節や
赤ちゃんのケアに

材料（作りやすい分量）
本葛粉（粉末）…大さじ2
ローズクレイ…小さじ1/4

1 本葛粉とローズクレイをフタ付きの容器に入れ、フタをしてしっかりシェイクする。

note

- 基本的に腐らないため、多めに作ってもいいです。
- 葛粉は、アメリカでは自然素材のボディパウダーによく使われる材料です。添加物のない葛100%のものを使いましょう。

ティートゥリーのフットパウダー

マッサージセラピストも使っているフットパウダーと同じ成分のパウダーです。
オイルフリーのマッサージをしたいときや足の消臭、水虫予防のパウダーとしておすすめ。

とくに
オイルフリーの
フット
マッサージに

材料（作りやすい分量）
コーンスターチ…大さじ2
グレープフルーツシードエクストラクトパウダー…小さじ1/8
ティートゥリー（エッセンシャルオイル）…2～3滴

1 コーンスターチをフタ付きの容器に入れて、ティートゥリーを加え、フタをしてしっかりシェイクする。
2 均等に香りがついたら、グレープフルーツシードエクストラクトパウダーを加えて、よく混ぜ合わせる。

note

- オイルやローションを使わないフットマッサージには、パウダーをつけて湿気をなくし、パウダーをすべらせるようにしてマッサージします。

Chapter 3

Esthetic & Spa
エステ＆スパ

肌の老化を遅らせて若々しい肌をキープするには、
ピーリングが大切。
まずはスクラブで、自宅で毎日できるマイルドなピーリングを。
そして、ピーリングのあとは、
フェイス＆ボディマスクで栄養や水分を浸透させ、
オイルで閉じ込めて、ゆで卵のような肌をつくりましょう。

Salt Glows ソルトグロウ

ミネラルを肌にじわりと浸透させながら、不要な角質を取りのぞく。
ツヤのある美しい肌へと導いてくれるソルトスクラブ。

! オイルを使ったソルトグロウは、スチームタオルを使って拭き取るだけ。洗い流さなくてOKです。
ソルトグロウの使い方はP67参照。

ベーシック ソルトグロウ

ソルトグロウの基本のレシピ。エッセンシャルオイルを肌質や効能で選べば、自分の肌に合ったソルトグロウが作れます。皮膚の古い角質を落として、肌をなめらかにするとともに、エッセンシャルオイルがからだとこころにはたらきかけます。

とくにはじめてソルトグロウをする人に

材料(作りやすい分量)
海塩…大さじ2
グレープシードオイル…大さじ1
エッセンシャルオイル(好みのもの→P117)…1～3滴

1 グレープシードオイルとエッセンシャルオイルをよく混ぜ合わせる。
2 海塩を加え、オイルとよく混ぜ合わせる。

オイルフリー ソルトグロウ

オイルで肌がベタベタするのが苦手な人におすすめのオイルフリーのソルトスクラブ。

とくにオイルを使いたくないときに

材料(作りやすい分量)
海塩…大さじ2
植物性グリセリン…大さじ1くらい
クランベリーシード…小さじ1

1 すべての材料を混ぜ合わせる。

note
・クランベリーシードを使っているので、スクラブ後は、ペーパーなどで拭き取ってから洗い流すか、スチームタオルで拭き取りましょう。また、クランベリーシードなしで作ってもいいです。

ブルーベリーのソルトグロウ

抗酸化力が強いといわれるアントシアニンの豊富なブルーベリーをベーシックなソルトスクラブに加えたレシピ。ビタミンA、C、Eが豊富に含まれたブルーベリーを使ったソルトグロウは、ツヤのある白く美しい肌に導いてくれます。

とくにコメドやニキビのできやすい肌に

材料（作りやすい分量）

海塩…大さじ2
ブルーベリー（すりつぶしたもの）…小さじ1
サンフラワーオイル…大さじ1

1 サンフラワーオイルと海塩を混ぜ合わせる。
2 すりつぶしたブルーベリーを加えて、混ぜ合わせる。

にんじんのジェルスクラブ

にんじんの果汁を使ったスキンローションに自然海塩を混ぜ合わせたソルトスクラブ。あまったスクラブ剤は入浴剤としても使えて一石二鳥。私のお気に入りレシピのひとつです。

とくに潤いとツヤがほしい肌に

材料（作りやすい分量）

海塩…大さじ2　　水…大さじ2
本葛粉…小さじ1　　にんじんの果汁…小さじ1

1 本葛粉に分量の水を加えてよく溶かし、弱火であたためて、透明なジェル状にする。
2 にんじんの果汁を加えて、よく混ぜ合わせ、冷やしてから海塩を加えて混ぜる。

note

・ 葛粉は添加物のない葛100％のものを使います。メーカーによって、また水の蒸発する加減でかたさが異なります。使いやすいジェルになるように水の分量を調整してください。

シーウィードのソルトグロウ

乾燥してカサついた肌をなめらかにしながら、皮膚の古い角質を落とします。海塩と海藻のデトックス効果も加わったソルトグロウ。

とくに水分不足の乾燥した肌に

材料（作りやすい分量）

海塩…大さじ2
ケルプパウダー…小さじ1/4
グレープシードオイル…大さじ1

1 すべての材料を混ぜ合わせる。

Body Polishes ボディポリッシュ

肌をスクラブすると、肌のターンオーバーを促進させて、肌の老化を遅らせる効果が期待できます。
また、肌のくすみも改善され、なめらかで潤いのある肌に！

ウィートブランのスクラブ

植物繊維を多く含む小麦ふすまが肌にやさしい、塩もオイルも使わない低刺激のスクラブです。
美肌づくりにフェイス&ボディパックとしてもおすすめ。

材料（作りやすい分量）
ウィートブラン（小麦ふすま）…大さじ1
ヨーグルト…大さじ3
はちみつ…小さじ1/2

1 すべての材料を混ぜ合わせる。

note
・ スクラブ後は、ペーパーなどで拭き取ってから洗い流すか、スチームタオルで拭き取りましょう。

とくに
穏やかに
スクラブしたい
肌に

ラベンダーとコーンミールのスクラブ

ラベンダーの香りがほんのりと肌に残る心地よいスクラブ。コーンミールとラベンダーが肌をつややかに。

材料（作りやすい分量）
コーンミール（とうもろこし粉）…小さじ3
ラベンダーの花（乾燥）…小さじ1
サンフラワーオイル…小さじ3

1 すべての材料を混ぜ合わせる。

note
・ スクラブ後は、ペーパーなどで拭き取ってから洗い流すか、スチームタオルで拭き取りましょう。

とくに
肘やかかとの
角質ケアに

アップルジェルスクラブ

リンゴのマイルドな剥離作用にウォールナッツを加えた、美白づくりに最適のスクラブ。

材料（作りやすい分量）
リンゴジュース（果汁100%）…大さじ2
キサンタンガム…小さじ1/8
植物性グリセリン…大さじ1
ウォールナッツシェル…大さじ1
クランベリーシード…小さじ1

1 リンゴジュースとキサンタンガムをフタ付きの容器に入れて、しっかりシェイクし、ジェル状にする。
2 しばらくシェイクし続け、ダマのないジェル状になったら、植物性グリセリン、ウォールナッツシェル、クランベリーシードを加え、混ぜ合わせる。

note
・ スクラブ後は、ペーパーなどで拭き取ってから洗い流すか、スチームタオルで拭き取りましょう。

とくに
くすみの気になる
肌に

ブラウンシュガースクラブ

ブラウンシュガーのミネラルを生かした肌にやさしいボディスクラブ。
海塩にアレルギーのある人やブラウンシュガーの香りが好きな人に。

材料（作りやすい分量）
ブラウンシュガー…大さじ1
スイートアーモンドオイル…大さじ1
エッセンシャルオイル（好みで→P117）…1～6滴

1 すべての材料を混ぜ合わせる。

note
・ スクラブ後は、ペーパーなどで拭き取ってから洗い流すか、スチームタオルで拭き取りましょう。

とくに
塩アレルギーの
ある肌に

Thalassotherapy Masks

タラソセラピー・フェイス＆ボディマスク

海藻などの海の恵みを使ったスキンケア。
皮膚細胞に酸素を多く送り込み、ミネラルを肌に吸収させたり、
毒素をからだから排出しやすくして、ツヤと潤いをあたえます。
ボディラップをすることにより、より肌にミネラルが浸透しやすくなり、
みずみずしくハリのあるなめらかな肌に。

(!) 注意

ヨードアレルギーのある人は、タラソセラピーは行えません。また、甲状腺に問題のある人は、必ず医師に相談してから行いましょう。

(!) ポイント

日焼けでほてったからだのケアのときは保温しませんが、ボディラップする方が効果はアップ。マスクが乾燥しないようにラップし、さらにブランケットなどで包んで保温します。やり方はP67参照。

ワカメのタラソセラピーマスク

海藻の効果を生かしたデトックスマスク。ワカメの成分が血液の循環をうながし、肌はしっとり。デトックスしながら、からだをリラックスさせてくれます。お風呂に入れてゆっくり入浴するのもおすすめです。

とくに
潤いのない
乾燥した肌に

材料（フェイス用1回分）
ワカメ（乾燥）…大さじ1
熱湯（60℃以上）…1カップ
植物性グリセリン…大さじ1

1 ワカメに熱湯をそそいでもどし、ミキサーやフードプロセッサーなどでピューレにする。
2 火にかけて、または電子レンジで沸騰直前まであたため、植物性グリセリンを加えて混ぜ合わせる。

note
・ワカメは、粉末のものを使う場合は小さじ1強が目安です。種類によって粘性の高さや性質が異なるため、使いやすいペーストになるよう、量を加減してください。
・ワカメ以外の海藻でもお試しください。種類と効能はP8を参照。

シーウィードのタラソセラピーマスク

目のまわりのクマやくすみを改善してくれるシーウィード（海藻）のエキスがたっぷりのジェルタイプマスク。ボディラップをすると血液の循環が促進されます。

とくに
血流の悪い
ツヤのない肌に

材料（フェイス用1回分）
海藻エクストラクト…小さじ1/4
水…大さじ3
キサンタンガム…小さじ1/8
植物性グリセリン…大さじ1

1 フタ付きの容器に海藻エクストラクトと分量の水を入れて混ぜ合わせ、キサンタンガムを加える。
2 フタをして、しっかりシェイクし、粘性がついたら植物性グリセリンを加え、混ぜ合わせる。

note
・海藻エクストラクトは、植物性コラーゲンとも呼ばれ、ミネラル豊富な海藻の成分が凝縮されたエキスです。

ケルプとベンドナイトのタラソセラピーマスク

ケルプのミネラルが肌に浸透し、やわらかく、潤いのある肌に。ベントナイトのすぐれた吸着力が毛穴の汚れや老廃物の排泄をたすけます。

とくに
肌の保水と
毛穴ケアに

材料（フェイス用1回分）
ケルプパウダー…小さじ1/2
ベントナイト（ホワイト）…大さじ1
水…大さじ3

1 ベントナイトを容器に入れ、分量の水を加えて、自然に水が吸収されるまで待つ。
2 ケルプパウダーを加えて、全体をよく混ぜ合わせ、なめらかなペースト状にする。やわらかく塗りやすいペーストにならないときは、水をさらに適宜加えて調整する。

note
・クレイを使ったレシピは、まずクレイに水や水分を自然に吸収させて、クレイの層に十分に水分がいきわたるようにしてから全体を混ぜるようにしましょう。滑らかで塗りやすいペーストを作るためのポイントです。とくにベントナイトは、クレイと水をすぐに混ぜてしまうとカッテージチーズのようにダマのあるペーストになってしまうので注意。

ケルプとオートミールのタラソセラピーマスク

ミネラルが豊富な昆布粉と肌にやさしいオートミールを使ったマスク。昆布に含まれるミネラルが肌に浸透し、しっとりと柔軟な肌に。

とくに
水分不足の
乾燥した肌に

材料（フェイス用1回分）
ケルプパウダー…小さじ1
オートミールパウダー…大さじ1
熱湯（60℃以上）…大さじ3

1 すべての材料を混ぜ合わせ、なめらかなペースト状にする。やわらかく塗りやすいペーストにならないときは、水を適宜加えて調整する。

Rehydrating Masks
リハイドレイティング・フェイス＆ボディマスク

肌に水分補給をさせることによって、ハリと潤いをあたえ、
みずみずしく、すこやかな美肌がつくられます。
リハイドレイティングマスクはボディラップがおすすめ。
より肌に水分が浸透し、みずみずしくハリのあるなめらかな肌になります。

(!) ポイント

日焼けでほてったからだのケアのときは保温しませんが、ボディラップする方が効果はアップ。マスクが乾燥しないようにラップし、さらにブランケットなどで包んで保温します。やり方はP67参照。

アロエのリハイドレイティングマスク

**水分の補給が必要なドライスキンや、潤いのない肌におすすめのマスク。
肌に水分をしっかり補給して、みずみずしい肌に。
アロエの鎮痛作用もプラスして、肌の赤みや炎症をおさえる効果も。**

とくに
脱水肌や
炎症した肌に

材料（フェイス用1回分）
アロエベラジェル…大さじ3
キサンタンガム…小さじ1/8
植物性グリセリン…小さじ1/4

1 フタ付きの容器にアロエベラジェルとキサンタンガムを入れる。
2 フタをして、しっかりシェイクし、ダマがなくなったら、植物性グリセリンを加えて混ぜ合わせる。

キュウリのリハイドレイティングマスク

**キュウリの保湿作用が、肌に水分をあたえ、みずみずしくしてくれます。
収斂作用や冷却作用もあり、からだがほてる夏場や日焼け後のスキンケアにも最適。**

とくに夏の
スキンケアに

材料（フェイス用1回分）
キュウリのピューレ…小さじ5
ヨーグルト…小さじ1
キサンタンガム（必要であれば）…小さじ1/8くらい

1 キュウリは皮をむき、ミキサーやフードプロセッサーなどでピューレにする。
2 ヨーグルトを加えてよく混ぜ合わせる。キュウリやヨーグルトの水分量が多く、顔に塗っても流れ落ちてきそうな状態であれば、キサンタンガムをふりかけて、溶かすようにしばらく混ぜ、15分くらい置いてジェル化させる。

note
・ キュウリの皮には光感作作用のある成分が含まれています。必ず皮をむいて作ってください。

豆乳のリハイドレイティングマスク

**はちみつの保湿作用とオートミールの鎮痛作用を生かしたソイミルクのマスク。
豆乳の美白作用もプラスされ、美しく潤いのある肌に。美白づくりやアンチエイジング用としてもおすすめ。**

とくに
かゆみのある
乾燥した肌に

材料（フェイス用1回分）
豆乳…大さじ1
オートミールパウダー…大さじ1
はちみつ…小さじ1

1 すべての材料を混ぜ合わせる。

ピーチのリハイドレイティングマスク

**ペクチンやビタミン類が含まれるピーチを使ったマスク。
保湿作用の高いピーチに、肌の状態や好みで黒みつや水あめの保湿を加えて、やわらかくしっとりした肌に。
みずみずしい美肌づくりに活躍してくれるレシピです。**

とくに
保水や保湿の
必要な肌に

材料（作りやすい分量）
白桃…大1個分
黒みつまたは水あめ（保湿力を高めたいとき）…小さじ1/2くらい
キサンタンガム（必要であれば）…小さじ1/8くらい

1 白桃は皮をむき、種を取って、ミキサーやフードプロセッサーなどでピューレにする。このとき、黒みつや水あめを加える場合は、一緒に入れる。
2 桃の水分量が多く、顔に塗っても流れ落ちてきそうな状態であれば、キサンタンガムをふりかけて、溶かすようにしばらく混ぜ、15分くらい置いてジェル化させる。

note
・ 桃の種類によって、作ってすぐに変色することがあります。作りたてのフレッシュなものを、できるだけすぐに使うようにしましょう。

Fangotherapy Masks
ファンゴセラピー・フェイス＆ボディマスク

デトックス作用が高く、毛穴の毒素や老廃物を取りのぞいてくれるほか、
肌をみずみずしくなめらかにする効果も期待できるマスク。石けんが使えないときのスキンケアにもおすすめ。
肌にミネラルをあたえ、健康的な肌づくりにもすぐれているうえ、古い角質も落としてくれるので美白効果も。
ボディラップをすると、血液やリンパの流れがさらによくなり、デトックス効果がより一層高まります。

注意

クレイを使ったレシピは、まずクレイに水や水分を自然に吸収させてから全体を混ぜるようにすることで、なめらかで塗りやすいペーストが作れます。とくにベントナイトは、クレイと水をすぐに混ぜてしまうと、カッテージチーズのようにダマのあるペーストになってしまうので注意。また、水分の量も、ほかのクレイの種類に比べて多く必要となります。水の量は、どのレシピについても、やわらかいペーストになるように加減してください。

ポイント

日焼けでほてったからだのケアのときは保温しませんが、ボディラップする方が効果はアップ。マスクが乾燥しないようにラップし、さらにブランケットなどで包んで保温します。やり方はP67参照。

ファンゴフェイスマスク

海から採掘されたマリーンクレイを使ったマスク。新陳代謝を活発にし、
老廃物を排泄するデトックス効果にすぐれ、
マイルドな剥離作用もあり、肌にツヤと潤いをあたえてくれます。

とくに
くすみや老化が
気になる肌に

材料（フェイス用1回分）
マリーンファンゴ…小さじ4
アロエベラジェル…小さじ2

1 マリーンファンゴにアロエベラジェルを加えて、自然に吸収されていくまで待つ。
2 全体をよく混ぜ合わせ、なめらかなペースト状にする。

クレイとオートミールのファンゴセラピーマスク

肌にやさしいオートミールと敏感肌におすすめなレッドモンドクレイを使ったマスク。
湿疹などで石けんが使えないときのケアにもおすすめ。

とくにクレイを
はじめて使う人や
敏感肌に

材料（フェイス用1回分）
レッドモンドクレイ…小さじ1
オートミールパウダー…小さじ1/2
水…大さじ1

1 レッドモンドクレイとオートミールパウダーを容器に入れ、分量の水を加えて、自然に水が吸収されていくまで待つ。
2 全体をよく混ぜ合わせ、なめらかなペースト状にする。

デザートローズのファンゴセラピーマスク

バラの花と砂漠から採掘されたクレイを使ったマスク。
美容効果にすぐれているといわれるローズウォーターで若々しい肌に。

とくに
老化が気になる
肌に

材料（フェイス用1回分）
デザートクレイ（ホワイト）…小さじ3
ローズウォーター（ハイドロソル）…小さじ1～2
ローズペタルパウダー…小さじ1/4

1 デザートクレイにローズウォーターを加えて、自然に吸収されていくまで待つ。
2 ローズペタルパウダーを加えてよく混ぜ合わせ、なめらかなペースト状にする。

ベントナイトとラベンダーのファンゴセラピーマスク

ベントナイトのすぐれた吸着力が毛穴の汚れや老廃物の排泄をうながし、
ラベンダーの花の色と香りでリラックス。センサリーセラピーも生かしたおしゃれなマスクです。

とくに
毛穴ケアや
リラックスに

材料（フェイス用1回分）
ベントナイト（ホワイト）…小さじ2
水…大さじ2＋適宜
植物性グリセリン…小さじ1/2
ラベンダーの花（乾燥）…小さじ1

1 ベントナイトに水大さじ２を加えて、自然に水が吸収されていくまで待つ。
2 植物性グリセリンを加えて全体をよく混ぜ合わせ、なめらかなペースト状にする。やわらかく塗りやすいペーストにならないときは、水を適宜加えて調整する。仕上げにラベンダーの花を加えて混ぜる。

note
・ マスクを落とすとき、さきにペーパーなどで拭き取ってから、洗い流しましょう。

Face Serums & Massage Oils
フェイスセラム＆マッサージオイル

オイルベースの美容液やアンチエイジングに役立つフェイシャルオイル、
家族みんなで使えるマッサージオイルなど、
シチュエーションに合わせて活用できる簡単オイルのレシピです。

くるみのフェイシャルオイル

くるみには抗酸化作用、美白作用のあるエラグ酸などが含まれ、
また、アンチリンクルも期待できる美容オイルです。
マッサージオイルとしてもおすすめ。

とくに
シワの気になる
肌に

材料（2～3回分）
ウォールナッツオイル…大さじ1
エッセンシャルオイル（好みのもの→P117）…1～3滴

1 ウォールナッツオイルにエッセンシャルオイルを加えて混ぜる。

フィトオイル3種のマッサージオイル

人間の皮脂（シーバム）に含まれるエステル、スクワラン、
パルミトレイン酸をそれぞれにたっぷり含んだ
3種類の植物（フィト）オイルを使ったマッサージオイル。
美容オイルのベースとして、また毎日のスキンケアにおすすめ。

とくに
老化した肌や
乾燥肌に

材料（2～3回分）
ホホバオイル…小さじ1
オリーブスクワランオイル…小さじ1
マカダミアナッツオイル…小さじ1
エッセンシャルオイル（好みのもの→P117）…1～3滴

1 すべての材料を混ぜ合わせる。

グリーンティーのフェイシャルオイル

さらっとした使用感のオイルに緑茶を漬け込んだインフューズドオイル。
抗酸化作用が高く、緑茶に含まれるビタミンKが血行をよくし、
くすみや目のまわりのクマを改善してくれます。
美白効果もあり、美容液オイルとして最適。

とくに
日焼けが
気になる肌に

材料（作りやすい分量）
分留ココナッツオイル…大さじ4
緑茶（茶葉）…小さじ1
エッセンシャルオイル（好みで→P117）…1～4滴

1 分留ココナッツオイルに緑茶を入れて、1日数回ずつシェイクしていく。1週間くらいでできあがり。好みでエッセンシャルオイルを加える。

note
- 分留ココナッツオイルが肌に合わない場合は、肌質に合ったスキンケアオイル（P114～115参照）で作るといいでしょう。
- エッセンシャルオイルを加えると、相乗効果が期待できます。

サンフラワー＆ローズウッドのマッサージオイル

わが家定番のマッサージオイル。ローズウッドは肌質を選ばず、子どもにもやさしく、また男性にも好まれる香りです。ストレス改善やリラックス作用もあるので、こころのバランスもととのえてくれる 家族みんなで使えるレシピ。

オールスキン
タイプに

材料（作りやすい分量）
サンフラワーオイル…大さじ2
ローズウッド（エッセンシャルオイル）…３滴

1 サンフラワーオイルにローズウッドをたらして、混ぜる。

note
・ ハンド＆ボディオイルやクレンジングオイルなどオールパーパスに使える便利なレシピです。

デトックス・マッサージオイル

解毒作用にすぐれ、体内の老廃物や毒素の排泄をうながしてくれるマッサージオイル。
からだがスッキリしないときにおすすめで、むくみやセリュライトの改善にも役立ちます。

とくに
デトックスしたい
ときに

材料（作りやすい分量）
ホホバオイル…大さじ2
レモン（エッセンシャルオイル）…3滴
ジュニパーベリー（エッセンシャルオイル）…2滴
フェンネルスイート（エッセンシャルオイル）…1滴

1 ホホバオイルにエッセンシャルオイルを混ぜ合わせる。

note
・ 妊娠中および授乳中の人は使用しないでください。
・ 柑橘系のエッセンシャルオイルには光感作作用があります。使用後、最低でも8時間は日光にあたらないようにしましょう。

フェミニンバランス・マッサージオイル

PMS（月経前症候群）や更年期障害などの女性特有のトラブルの緩和に役立つエッセンシャルオイルのブレンド。
肌のむくみを改善するゼラニウムと脂肪燃焼作用のあるグレープフルーツは、
美しいボディづくりやニキビのできやすい肌のケアにもおすすめです。

とくに
脂肪が気になる
人に

材料（作りやすい分量）
サンフラワーオイル…大さじ2
ゼラニウム（エッセンシャルオイル）…3滴
グレープフルーツ（エッセンシャルオイル）…3滴

1 サンフラワーオイルにエッセンシャルオイルを混ぜ合わせる。

note
・ フェイス用にも使うことができますが、柑橘系のエッセンシャルオイルには光感作作用があるため、使用後、最低でも8時間は日光にあたらないようにしましょう。

ザクロのフェイシャルセラム

オリーブスクワランオイルに肌の老化を遅らせる作用があるザクロ（ポメグラネイト）オイルを加えた美容液。
上品で贅沢なマッサージオイルです。

とくに
美容オイル
として

材料（作りやすい分量）
オリーブスクワランオイル…大さじ2
ポメグラネイトオイル…小さじ1
ビタミンEオイル…小さじ1/8
エッセンシャルオイル（好みで→P117）…1～6滴

1 すべての材料を混ぜ合わせる。

ボディブラッシング

ボディブラシを使ってからだをブラッシングすることにより、リンパ液や血液の循環がよくなり、また、古い角質を取りのぞく効果もあるため、肌がなめらかに美しくなります。

Body Brushing

Point 1　ブラシはプラスティックなどの合成素材を使わずに、自然素材のものを使いましょう。

Point 2　ボディブラッシングは、入浴前の乾いたからだに行います。始める前に、レモンティーやお茶などのあたたかいものを飲み、からだを内側からあたためておくとより効果的です。また、エステティックサロンなどでは、フットバス→ドライブラッシング→ボディスクラブの順でいろいろなトリートメントが行われます。自宅でフットバスを行ってからボディブラッシングを行う場合は、必ずしっかりと水分を拭き取ってから行うようにしましょう。

Point 3　心臓から遠い部分から心臓に向かってブラッシングを行っていきます。そのため、足先からブラッシングをスタート。からだの各部分を3回ずつブラッシングしていきます。

Point 4　ブラッシングが終わったら、必ずこまめに水を飲むようにしましょう。ブラッシングによって体内循環がよくなり、からだがデトックスしようとして、たまった老廃物の排泄をうながしてくれます。

1　右の足の裏をブラッシングする。左足も同様に。

2　右足の甲から足首、膝、太ももへと、心臓に向かってブラッシングする。ふくらはぎやお尻なども忘れずに（お尻は、ヒップ全体を下から上へと腰に向かってブラッシングする）。左足も同様に。

3　お腹は時計回りに大きな円を描くようにし、脇腹と腰もブラッシングする。

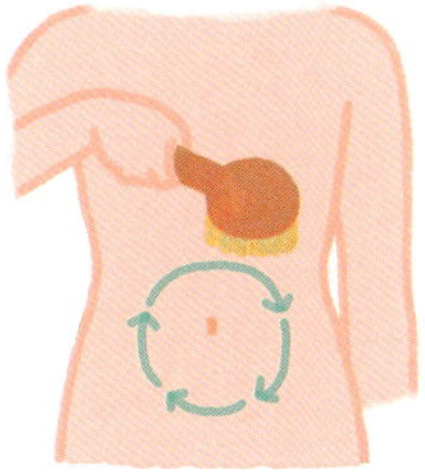

4　指だけは指先に向かってブラッシングし、手の甲から腕、肩へと上にブラッシングする。

5　背中は届く範囲で、腰から上へと心臓に向かって、さらに肩から下へとブラッシングする。

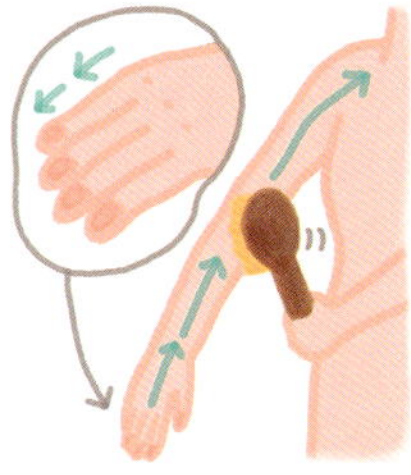

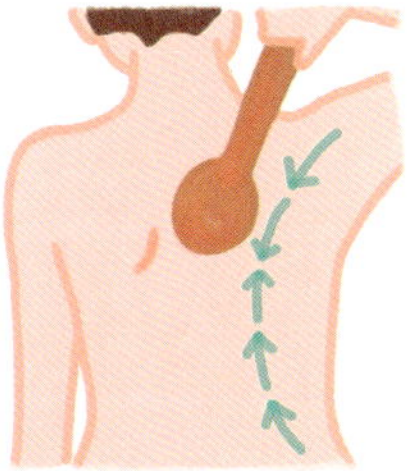

ソルトグロウ

ソルトグロウは、ソルトとオイルを混ぜてボディスクラブすることによって、古い角質を取りのぞきながら、肌にミネラル成分を取り込むことができます。血液の循環をよくし、肌はやわらかく、なめらかに。ソルトグロウのトリートメントの前に、ドライブラッシングを行うとより効果的です。

Salt Glow

Point 1　少量のソルトグロウを手にとり、足の裏から順に心臓の方に向かってボディブラッシングと同じ順番にスクラブしていきます。

Point 2　ソルトスクラブが終わったら、スチームタオルで拭き取るか、シャワーで洗い流してください。

Point 3　ボディブラッシング→ソルトグロウの仕上げとして、ボディオイルやローションをつけてボディケアを行うのがおすすめです。

ボディラップ

ボディラップとは、ボディマスクを肌に塗り、ビニールシートなどでからだを巻いて、ブランケットで覆い、蚕のように包まった状態で20分間保温するトリートメント法です。保温されることにより、マスクの栄養分などがより深く浸透し、ボディマスクだけのときよりも効果がグーンとアップします。また、解毒作用のあるマスクを使うと、デトックスをすることもでき、からだとこころの健康維持に役立ちます。

Body Wrap

Point 1　必要なものは、ビニールシート（大きいゴミ袋をうまく利用して使ってもいいですし、部分的にラップする場合はビニールラップを使うといいです）、ブランケットや毛布などの保温できるもの、防水シート。そして、あればファンブラシやややわらかいペイントブラシなどです。

Point 2　血圧を上げることが多いため、高血圧の人は全身のボディラップはできません。各部分を日にちを空けて行うことができますが、必ず医師に相談してから行ってください。また、24時間以内にアルコールを服用した場合も、ボディラップは行えません。

Point 3　一度に全身を行わなくてもいいですし、また、必ず全身をしなければならないということはありません。今日は足だけ、来週は上半身など、というように分けて行うこともできます。また、気になる部分だけをボディラップしてもいいです。

Point 4　ベッドやフロアの上に、ブランケットを敷き、その上にブランケットが汚れないよう、また保温できるように防水シートを敷きます（レシピによってはシーツや大きいビーチタオルを使ってもOK）。さらにビニールシートを敷き、その上でボディラップを行います。一人で、部分的に足だけ、お腹だけと、少しずつラップをする場合は、シーツの上に座って塗布したら、ビニールラップで巻いていくという手順です。

Point 5　フットバス→ボディブラッシング→ボディスクラブ→ボディラップ→ボディマッサージ＆トリートメントの順で行うのが理想的。ボディブラッシングまたはスクラブのあとにボディラップをすると、肌に有効成分が吸収されやすく、肌のくすみやシミの改善にもつながります。

Point 6　ボディラップのあとは、ボディオイルやローションを塗って、水分が逃げないようにし、肌の潤いをキープしましょう。

部分的ボディラップ

① ボディマスクと同様にボディラップしたい肌の部分に塗る。
② ビニールラップやビニール袋を使って巻く。
③ バスタオルやブランケットで覆い、20分間保温する。

全身ボディラップ

① フロアの上に毛布などを広げ、その上に防水用にビニールシートを広げる（大きいビニール袋などでも可）。
② からだを包み込むためのビニールシートを敷き、その上でマスクを全身に塗り、ビニールシートで覆う。
③ 毛布やブランケットでからだ全体を包み込み、20分間保温する。

フェイシャルマッサージ

手を動かすスピードを変えるだけで、目的に合わせたマッサージができます。手の動きを速くするとクレンジングマッサージに、ゆっくりするとリラクゼーションのマッサージになります。１回につき３セットずつ行います。

Facial Massage

1 額を指の腹で上方向にすべらせる。

2 額の真ん中からこめかみに向かって小さい螺旋を描いていく。

3 指の腹で眉間からこめかみへ、目頭からこめかみへ指をすべらせる。

4 眉頭から指をすべらせて目尻で止め、目尻からやさしく螺旋を描きながら目頭へ移動させる。

5 顎から口角を通って眉頭へ、眉頭から目の下を通ってこめかみで止め、指をすべらせて顎に戻る。

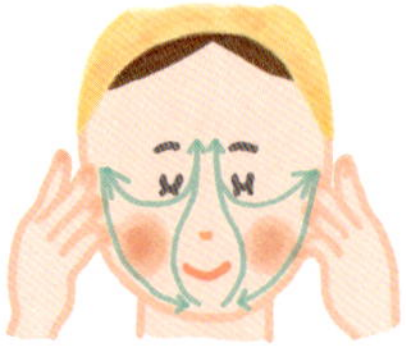

6 小さい螺旋を描きながら顎から目頭へと上がり、眉頭からこめかみをを通って顎に戻る。

7 顎から耳たぶ、口角から耳、小鼻からこめかみ方向に螺旋を描く。

8 ひとさし指は鼻の下、中指は下唇の下に唇をはさむようにして外側へすべらせる。

9 ひとさし指と親指の腹で顎を軽くつまみ、耳の方へすべらせる。

10 首の正面は下から上に、そして、最後に首の両サイドは上から下へ肩に向かってすべらせる。

＊こめかみに指をすべらせたときは、こめかみを数秒間押さえるのが理想的です。

Chapter 4

Hand & Foot Care
ハンド＆フットケア

アメリカのデイスパで実際に行われている
ベーシックなトリートメント法を紹介します。
自宅で誰もが簡単にできる方法ですので、
家族や友人にもしてあげて、
みんなで一緒に、リラックス！

Hand Baths ハンドバス

血液の循環をうながすとともに、肌に水分を補給してくれるため、
潤いのある、みずみずしい手に導いてくれるハンドバス。
スチームとともに香るフラワーやハーブ、エッセンシャルオイルの香りを楽しみながら、
心身ともにほぐしていきましょう。

! やり方

手首まで湯にひたして5〜10分ほどあたためます。指や手をもみほぐすと、より効果的。ビー玉や丸石をハンドバスに入れて、握ったりはなしたりして手に刺激をあたえる方法もおすすめです。また、ハンドバスのあとに、ハンドクリームやオイルを塗って、肌に補給した水分を閉じ込めるようにするといいでしょう。

フローラル ハンドバス

基本的なレシピに、フレッシュな花びらを使った贅沢なハンドバス。

とくに花の色と香りを楽しみたいときに

材料（1回分）
ローズなどの花びら（生）…ひと握り分
リキッドソープ…大さじ1
ハンド＆ボディケアオイル（好みのもの→P64～65、73）…小さじ1
海塩…大さじ1
エッセンシャルオイル（好みで→P117）…2～4滴

1 ボウルにリキッドソープ、ハンド＆ボディケアオイル、海塩を入れ、40℃くらいの湯をそそぎ入れる。好みでエッセンシャルオイルを入れる場合は、あらかじめ海塩に混ぜておくのがポイント。
2 花びらを入れる。

note
・ バラの花束を飾ったときなど、捨てる前にきれいな花びらを摘み取って、ハンドバスに使うといいでしょう。また、花びらは保存用のビニール袋などに入れて、冷蔵庫で保管しておくと、しばらく楽しむことができます。

フレッシュハーブの ハンドバス

ローズマリーやラベンダー、ミントなどのフレッシュハーブを使ったハンドバス。ハーブの香りが好きな人や家庭栽培している人にはとくにおすすめ。海塩には温熱作用や肌をなめらかにする作用があります。

とくに新鮮なハーブの香りを楽しみたいときに

材料（1回分）
フレッシュハーブ（ローズマリー、ラベンダー、ミントなど）…4～5本くらい
海塩…大さじ1

1 ボウルに海塩とフレッシュハーブを入れ、40℃くらいの湯をそそぐ。

note
・ 湯を入れて、数分たってから、ハンドバスを行います。

ポプリのハンドバス

ローズやラベンダー、ローズマリー、ミントなどのドライフラワーやドライバーブにある植物の有効成分を生かしたハンドバス。海塩の温熱作用で、からだがポカポカあたたまり、肩コリや疲れを緩和してくれます。

とくにフィトセラピーを楽しみたいときに

材料（1回分）
海塩…大さじ1
ドライフラワーやドライハーブ（ローズ、ラベンダー、ローズマリー、ミントなど好みのもの）…ひと握り

1 ボウルに海塩とドライフラワーやドライハーブを入れ、40℃くらいの湯をそそぐ。

note
・ 湯を入れて、数分ほどたってから、ハンドバスを行います。

アロマのハンドバス

温熱作用のある海塩とアロマで作る手軽なハンドバス。パソコンを使った勉強や仕事、家事などで、ちょっと疲れたときにおすすめです。手の疲れや肩コリをやわらげましょう。

とくにアロマセラピーを楽しみたいときに

材料（1回分）
エッセンシャルオイル…1～3滴
海塩…大さじ1

1 エッセンシャルオイルを海塩に混ぜ、ボウルや洗面器に入れる。
2 40℃くらいの湯をそそぎ入れ、よくかき混ぜて拡散する。

note
・ エッセンシャルオイルは、イランイラン、ラベンダー、ローマンカモマイル、オレンジスイート、グレープフルーツ、サイプレス、クラリセージ、レモン、ライム、ローズマリー、ジェニパーベリー、ローズウッドなどがおすすめです（柑橘系のエッセンシャルオイルには光感作作用があるため、使用後、最低でも8時間は日光にあたらないように注意）。

Hand Treatments ハンドトリートメント

お風呂上がりやハンドバスを行ったあとの、あたたかく血行のよくなった手に、
ハンドマッサージをしながらすり込むハンドトリートメントプロダクト。
肌に補給された水分をしっかりと閉じ込めて、潤いをあたえ、やわらかくなめらかな手に導きます。
仕上げに、ビニール袋や使い捨て手袋、ビニールラップなどで手を包み、
あたたかいミトンやタオルを使って20分ほど手を保温すると、さらに効果が上がります。

マカダミアとシェイのハンドトリートメントオイル

マカダミアナッツとシェイ（シア）ナッツからとれるオイルを使ったレシピ。
ハンドバスのように、あたたかいオイルにしばらく手を入れたケアをすると、より効果的です。
乾燥しやすい時期やしもやけになりやすい人、仕事で手を洗う回数が多く、
手の荒れが気になる人にはおすすめです。

とくに
水分不足の
乾燥した手に

材料（作りやすい分量）
マカダミアナッツオイル…大さじ1
シェイ（シア）オイル…小さじ1

1 体温より高めの温度にあたためる。

note

・ マカダミアナッツオイルのかわりに皮脂に近いP63のフィトオイル3種のマッサージオイルや、若々しい手をつくるためにP65のザクロのフェイシャルセラムにしてもおすすめです。

ホホバとスクワランのネイル＆ハンドトリートメントオイル

爪と手のお手入れにおすすめのオイル。
指のささくれを予防して、ツヤのある美しい指先と透明感のある手に。

とくに
定期的な手と
爪のケアに

材料（作りやすい分量）
ホホバオイル…大さじ1
オリーブスクワランオイル…小さじ1

1 ホホバオイルとオリーブスクワランオイルをよく混ぜ合わせる。

note

・ フェイス用にも使うことができます。
・ 少量のオイルを塗布し、のばしながら、すり込むように使います。あたたかいオイルにしばらく指先を入れてケアをすると、より効果的です。

マヨネーズのパック

オイルの油分と卵黄のミネラルやビタミン、レシチン、
そして、潤い成分である酢のアミノ酸の力を合わせたパックで健康で美しい肌に。
フェイスパックやパサついた髪のヘアパックにもおすすめ。

とくに
潤いのない
乾燥した
手や肌に

材料（作りやすい分量）
卵黄…1個
米酢…大さじ1
食用オイル…1カップくらい

1 卵黄は溶きほぐし、食用オイルを少しずつ加えながら、よく混ぜる。
2 かたさが出てきて、混ぜにくくなってきたら、米酢を少しずつ入れながら混ぜ合わせ、クリーミーなペーストにする。

note

・ あまったら、塩、こしょうで味をととのえて料理に使うといいでしょう。マスタードを加えたり、タルタルソースなどにアレンジするのもおすすめです。
・ フェイスパックにする場合は、うすくのばして使います。また、ヘアパックとして使った場合は、シャンプーバーでしっかり洗い流しましょう。

Foot Baths フットバス

足の血液の循環をよくし、からだ全体をあたためてくれるフットバス。
お風呂に入らなくても手軽に冷えたからだをあたためることができます。
お風呂で長時間からだをあたためているとのぼせやすい人には、
フットバスがおすすめです。

! やり方
足首ぐらいまでを湯にひたして10分ほどあたためます。ひたしながら、ビー玉を足の裏で転がしたり、丸石を踏んで刺激をあたえると、より効果的です。

シナモンのフットバス

クリスマスを代表する香りのひとつのシナモンを使ったフットバス。
海塩とシナモンの成分が血行を促進し、からだ全体をあたためます。
リンゴの皮を加えると香りもよりよく、肌もしっとりします。

とくに
寒い日や
冷えた足に

材料（1回分）
シナモンスティック…2～3本
海塩…大さじ1
リンゴの皮（好みで）…1～2個分

1 大きめのボウルや洗面器にシナモンスティック、海塩、または好みでリンゴの皮を入れて、40℃くらいの湯をそそぎ入れる。

マーブルとアロマのフットバス

ビー玉（マーブル）とエッセンシャルオイルを使ったフットバス。
足の裏でマーブルをころがしながら刺激をあたえ、
海塩の温熱効果とエッセンシャルオイルの効能を生かして、足の疲れをほぐします。

とくに
足が疲れている
ときに

材料（1回分）
ビー玉…1～3握り分
海塩…大さじ1
エッセンシャルオイル…1～3滴

1 エッセンシャルオイルを海塩に混ぜ、大きめのボウルや洗面器に入れる。
2 ビー玉も入れて、40℃くらいの湯をそそぎ入れ、よくかき混ぜて拡散させる。

note
- エッセンシャルオイルは、オレンジスイート、グレープフルーツ、サイプレス、ジュニパーベリー、ゼラニウム、フェンネルスイート、レモン、ペパーミント、ローズマリー、ライムなどがおすすめです（柑橘系のエッセンシャルオイルには光感作作用があるため、使用後、最低でも8時間は日光にあたらないように注意）。
- ビー玉は好みで量を加減してください。

レモンとローズマリーのフットバス

デトックス効果のあるレモンとローズマリーのフットバス。
からだをあたためてデトックスしながら、こころをリフレッシュさせてくれます。
足のニオイの気になる男性のフットバスとしてもおすすめ。
好みでリキッドソープを加えると洗浄効果が加わり、バブルバスも楽しめます。

とくに
デトックスしたい
ときに

材料(1回分)
レモンのスライス…2～3枚
ローズマリー(生)…1～2本
海塩…大さじ1
リキッドソープ(好みで)…大さじ1

1 大きめのボウルや洗面器にレモンのスライス、ローズマリー、海塩を入れる。バブルバスにしたいときはリキッドソープも加える。
2 40℃くらいの湯をそそぐ。

note

・ レモンの皮にはエッセンシャルオイルと同様に光感作作用のある成分が含まれているため、使用後、最低でも8時間は日光にあたらないようにしましょう。光感作作用が気になる人は、レモンの皮の部分をはずしてフットバスをお楽しみください。また、柑橘系の皮に含まれる精油成分が肌にチクチクすることがあるので、はじめての人はレモンの皮を加えないか、または少量にして、ようすをみながら行うようにしてください。

ジンジャーのフットバス

ジンジャーの成分が血行をよくしてくれる、冷え性の人や冬にはとくにおすすめのフットバス。
海塩が肌をしっとりなめらかにし、全身をあたためて、足の疲れをほぐしてくれます。
しっとり感が欲しいときは、はちみつを加えるといいでしょう。

とくに
寒い日や
冷えた足に

材料(1回分)
生姜のスライス…2～3枚
海塩…大さじ2
はちみつ(好みで)…大さじ1くらい

1 大きめのボウルや洗面器に生姜、海塩、また好みではちみつを入れて、40℃くらいの湯をそそぎ入れる。

Foot Masks フットマスク

あたためるマスクと、冷やすマスクと２つのタイプがあります。
そのときの状態や季節に合わせて使い分け、足の疲れを癒しましょう。
ふくらはぎのマスクでも、足首から膝下までのマスクでも、足の疲れの状態に合わせてマスクをするのがポイント。
また、刺激のある素材を使うので、刺激が強いと感じる場合は有効成分の割合を少なくするようにしてください。
20分くらいビニールラップなどを巻くと効果的です。

ジンジャーのフットマスク

ジンジャーの成分が血液の循環をうながし、冷え性の改善に効果的。
冷えきった足がポカポカになり、足の疲れも癒してくれるフットマスクです。

冷え性の人や
足のニオイが
気になるときに

材料（1回分）
ジンジャールートパウダー
…小さじ2～3
オートミールパウダー…大さじ2
カオリン（ホワイト）…大さじ2
湯（42℃くらい）…大さじ5くらい

1 カオリンに湯を入れて、自然に吸収させる。
2 ジンジャールートパウダーとオートミールパウダーを加えて、よく混ぜる。

note

- 素材の状態によって、必要な湯の量が多少異なります。湯の量は、肌に塗りやすいかたさになるように調整しましょう。
- 乾いてきたら、洗い流します。ビニールラップなどを巻くと効果的です。

わさびとケルプのフットマスク

わさびの成分は血行促進作用があり、また消臭作用、殺菌作用があるためフットマスクに最適です。
ジンジャーを使ったマスクのように塗った部分が熱くならないので、夏のフットマスクにおすすめ。
ケルプ（海藻）は肌を柔軟でなめらかにしてくれます。

とくに冷え性や
水虫予防に

材料（1回分）
わさび粉…小さじ1/2～1
ケルプパウダー…大さじ1
カオリン（ホワイト）…大さじ4
湯（42℃くらい）…大さじ6くらい

1 カオリンに湯を入れて、自然に吸収させる。
2 わさび粉とケルプパウダーを加えて、よく混ぜる。

note

- 素材の状態によって、必要な湯の量が多少異なります。湯の量は、肌に塗りやすいかたさになるように調整しましょう。
- 足首から膝にかけて塗る場合、はじめての人や敏感肌の人は、わさびの量をまずは小さじ1/2にしてお試しください。
- 乾いてきたら、洗い流します。ビニールラップなどを巻くと効果的です。

ローズマリーのフットマスク

ローズマリーの成分が血行不良を改善し、疲れた筋肉をやわらげてくれます。
リバイタル用としてのフェイス＆ボディパックにもおすすめ。

とくに血行促進や
美脚づくりに

材料（1回分）
ローズマリー（乾燥）…大さじ1
ベントナイト（グリーン）…大さじ2
水…1/2カップ

1 ローズマリーと分量の水を鍋に入れ、あたためて、煮出す。茶こしやペーパーフィルターなどでローズマリーを取りのぞき、ハーブティーを作る。
2 ハーブティーにベントナイトを加えて自然に吸収させ、よく混ぜ合わせてペースト状にする。

note

- あたたかいうちにマスクをして、ビニールラップなどで巻き、ブランケットなどで20分くらい保温すると効果的。
- 乾いてきたら、洗い流します。

ミントとアロエのフットマスク

鎮痛作用のあるアロエに、足のほてりを鎮めるメントール成分を配合したフットマスク。

とくに夏場や
足を冷やしたいときに

材料（1回分）
メントールクリスタル
…耳かき2～4
アロエベラジェル…大さじ3
キサンタンガム…小さじ1/8
植物性グリセリン…大さじ1

1 すべての材料を混ぜ合わせる。

note

- 爽涼感が少ないときは、メントールクリスタルの量を増やしてください。筋肉痛や蒸し暑い夏のボディトリートメントとしてもおすすめです。

ハンドマッサージ

マッサージオイルかマッサージクリームを手のひらにのせ、すり合わせてあたためてから、手に塗ってマッサージします。マッサージの前に、ハンドスクラブを行うようにしましょう。

Hand Massage

1 指を一本ずつゆっくり回転させながら、指先へ軽く引っぱる。

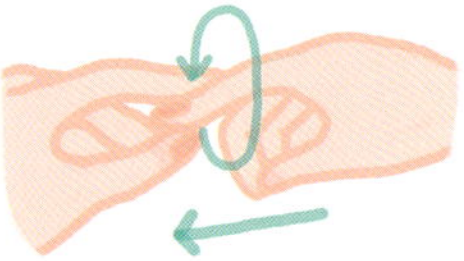

2 指を一本ずつ螺旋を描きながら、指のつけ根から指先に向かってマッサージし、爪の根元を軽く押す。

3 指と指の間から手首に向かって手の甲をマッサージする。

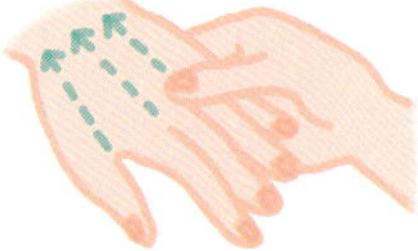

4 親指と人差し指の間のくぼみや指と指の間の部分を押して刺激する。

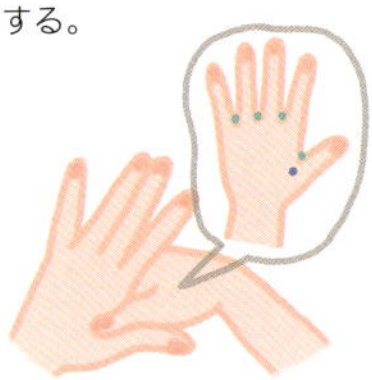

5 親指を使い、手のひらを広げるようにしながらもみほぐす。

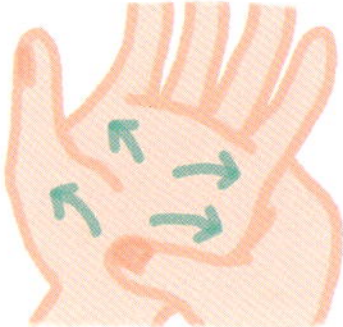

6 最後に両手を組み合わせ、手首をくるくると回してほぐす。

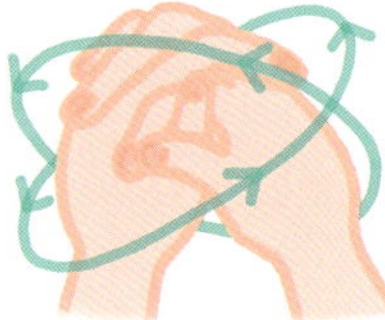

フットマッサージ

ハンドマッサージと同様に、マッサージオイルかマッサージクリームを手のひらにのせ、すり合わせてあたためてから、足に塗ってマッサージします。マッサージの前に、フットバスやフットスクラブを行うようにしましょう。終わったらマッサージを行って足の疲れを癒しましょう。

Foot Massage

1 足の裏のソーラープレクサスという指が深く入る部分をゆっくりと親指で押す。

2 両手で足をはさみ、すり合わせるように前後に揺さぶる。

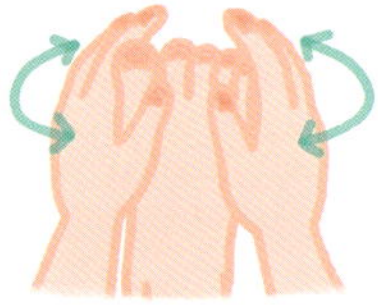

3 足の甲や指をくるぶしで前後にこすりながら刺激をあたえる。

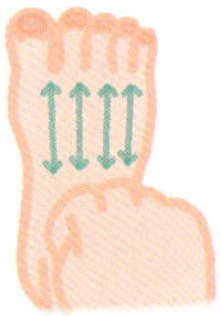

4 足の裏を両方の親指を使って螺旋を描きながらマッサージする。

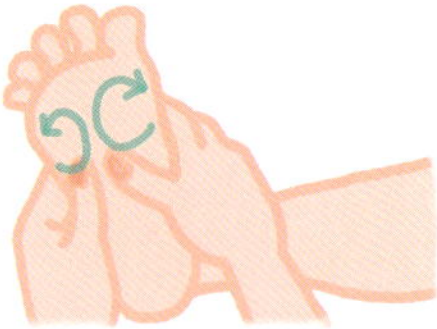

5 指のつけ根から指先に向かって螺旋を描きながらマッサージする。

6 片手で足首またはかかとを固定し、反対の手で足の先を持って足全体を回す。

＊ アキレス腱には子宮を収縮させるツボがあるため、妊娠中や妊娠の可能性のある人は避けるようにしましょう。

Chapter 5

Hair Care
ヘアケア

ナチュラルな素材で作る、
髪にやさしいヘアシャンプーやリンス、トリートメント。
髪が傷んでいると、
せっかくのきれいな肌も美しさが半減してしまいます。
カラーリングやブリーチなどで
ダメージを受けた髪を修復するレシピです。

Hair Shampoos ヘアシャンプー

頭皮に負担のかからないナチュラルな素材だけで作るシャンプー。
毛穴ケアのマッドシャンプーや水が不要なドライシャンプーパウダーなど、
いつもと少し違ったシャンプーを試してみませんか。

マッドシャンプー

**毛穴や頭皮の汚れを取りのぞくだけでなく、毒素を排泄するデトックス効果も期待できるマッドシャンプー。
健康な髪の毛を保つためにおすすめです。**

とくに
抜け毛が
気になる人や
デトックス
したい人に

材料（ショートヘア1回分）
モンモリロナイト（レッド）…大さじ2
湯（40℃くらい）…適量
エッセンシャルオイル（好みで→P83）…1～3滴

1 できるだけあたたかいペーストが作れるように、モンモリロナイトに40℃くらいの湯をそそぎ入れる。
2 自然に水分をクレイに含ませてから混ぜ合わせ、やわらかめのペーストを作り、好みでエッセンシャルオイルを加えて混ぜる。

note

- はじめに簡単に髪の毛を湯で洗い、マッドシャンプーを地肌にしっかり塗ってから、髪の毛に塗ります。10分くらいたってから、塗ったペーストをきれいに洗い流してください。
- 頭皮にマッドシャンプーを塗る前に、熱すぎないか、必ず触ってチェックしましょう。
- デザートクレイ（レッド）やラスール（ガスール）など、チョコレート色のクレイはヘアケアに最適です。髪質によって使い心地が違いますので、使い比べてみて自分の髪質にあったクレイを見つけてください。赤ちゃん、乳幼児には、粒子が小さく、なめらかなレッドモンドクレイやベントナイト（ホワイト）がおすすめです。3～5歳くらいの子には、ブレンドしたり、本人が使いたいと思うものから使ってみるといいでしょう。

メレンゲシャンプー

明治生まれの祖母のとっておきヘアケアレシピのひとつ。
水が使えないときにも便利です。
ヘアトリートメントとして、またフェイスパックとしてもおすすめです。

フェイス&
ヘアパックにも
使えて便利

材料(1回分)
卵白…2～4個分

1 卵白を泡立て器などでホイップクリームのように角が立つくらいに泡立てる。

note

- 髪全体と地肌に塗布し、地肌をマッサージします。ヘアトリートメント効果も生かすために、10分くらいしてから、ぬるま湯で洗い流しましょう。
- 水が使えないときは、ヘアトニックなどをタオルに含ませて、ていねいに拭き取ります。腐りやすいので、あまったらフェイスパックとして使いましょう。パックが乾いたら、ぬるま湯でやさしく洗い落とします。また、卵黄はP73のマヨネーズのパックでお使いください。

オートミールシャンプー

湿疹などでシャンプーが使えないときのヘアケアとしておすすめ。
石けんが使えないときの全身ケアにも使えて便利です。

石けんの
かわりとして
重宝

材料(1回分)
オートミールパウダー…大さじ1
熱湯(60℃以上)…1カップ

1 オートミールパウダーは耐熱容器に入れて、分量の熱湯をそそぎ入れる。
2 容器の中身全体があたたかくなったら、上ずみをほかの容器に移し、シャンプーとして使う。

note

- 腐りやすいので、作ったその日に使い切りましょう。
- やわらかくなったオートミールは、石けんのかわりに顔やボディケアに使えます。

(!) 使い方

地肌の汚れをパウダーに付着させるように少量ずつ地肌にすり込み、ブラッシングして、余分なパウダーを払い落とします。洗い流す必要はありませんが、地肌に残ったパウダーが気になる場合は、洗い流すといいでしょう。オイリーヘアのプリシャンプーとして使う場合は、お湯で髪を洗ってからシャンプーしてください。

ドライシャンプーパウダー

とくに
水の使えない
ときに

オイリーヘアのプリシャンプーとして、シャンプー前に使うのがおすすめ。
また、キャンプなどでシャワーが使えないとき、髪がベタついているときにも便利です。
髪質に合った好みのエッセンシャルオイルを加えると、ヘアケア効果のあるドライシャンプーになります。

材料（エッセンシャルオイルを使った場合の作りやすい量）
コーンスターチ…小さじ4
カオリン（ホワイト）…小さじ2
エッセンシャルオイル（好みで→P83）…1～3滴

1 コーンスターチとカオリンを混ぜ合わせ、好みでエッセンシャルオイルを加えて混ぜる。

note
・ 基本的に腐らないため、多めに作ってもいいです。

ヘアケアにおすすめのエッセンシャルオイル

ノーマルヘア

オレンジスイート
クラリセージ
ジュニパーベリー
ゼラニウム
ラベンダー
ローズウッド
ローマンカモマイル

オイリーヘア

クラリセージ
グレープフルーツ
サイプレス
シダーウッド
ジュニパーベリー
ゼラニウム
プチグレン
ベルガモット
ユーカリプタス
ラベンダー
レモン

ドライヘア

イランイラン
サンダルウッド
ゼラニウム
フランキンセンス
ラベンダー
ローズウッド
ローマンカモマイル

ダメージヘア

イランイラン
クラリセージ
サンダルウッド
ラベンダー
ローズウッド
ローズマリー
ローマンカモマイル

フケ対策

オレンジスイート
クラリセージ
シダーウッド
ゼラニウム
ティートゥリー
パチュリー
プチグレン
ベルガモット
ユーカリプタス
ラベンダー
ローズマリー

抜け毛予防

イランイラン
クラリセージ
サイプレス
シダーウッド
パチュリー
パルマローザ
フランキンセンス
ヘリクリサム
ラベンダー
ローズウッド
ローズマリー

○エッセンシャルオイルを手作り石けんに加えて髪質にあったシャンプーバーを作ろう！

手作り石けんを作るとき、髪質に合わせたエッセンシャルオイルを加えると、シャンプーバーとしても効果的な石けんができあがります。本書で紹介している石けんレシピ（P95～99）のオイルの総分量200gに対して20滴くらいを入れるのが目安。より効能を高めたいときは、さらに多めに入れてもいいでしょう。また、エッセンシャルオイルの種類によっては香りの強さがことなるため、加減するのがポイントです。たとえば、香りの強いカモマイルは10滴くらいに、多めに入れないと香りがつかない柑橘系は40滴くらいがおすすめです。

シャンプーバーを使ったシャンプーの方法

1. 髪の毛と頭皮をたっぷりの湯でしっかりぬらし、髪の毛にいきわたらせる。
2. 石けんをよく泡立てて、頭皮にまんべんなくつける。
3. 指の腹を使い、頭皮の毛穴に詰まった汚れや余分な皮脂を押し出すように地肌を洗う。
4. ときどき少量の湯を地肌にかけ、しっかりと泡立てて洗う。
5. 頭皮や髪の毛の根元がきれいに洗えたら、手ぐしをするように髪の毛をやさしく洗う。
6. 仕上げに少し熱めの湯でシャンプーをしっかりと洗い流す。

＊ きしみが気になるときは、酸性リンスがおすすめです。アルカリ性にかたむいた髪質を、酸性のリンスでととのえましょう。また、石けん成分が髪の毛に少しでも残っていると、酸性リンスをしたあとの髪の毛がベタつきます。石けん成分はしっかりと落とすようにしましょう。

髪の毛を上手に乾かすポイント

Point 1 タオルを頭にかぶせ、指の腹を使ってマッサージをするように頭皮の水分をタオルに吸収させます。こうすると、髪の毛を傷めず、早く髪の毛を乾かすことができます。

Point 2 ロングヘアの場合は、髪の毛をタオルではさんで、たたくようにし、タオルドライで水分をきっていきます。髪の毛をすり合わせると髪の毛が傷みますので、すり合わせないようにしましょう。

Point 3 タオルドライだけで乾かすのが一番いいのですが、ヘアドライヤーを使う場合は、熱で髪の毛を傷めないように注意。温風と冷風と交互に使うと髪の毛があまり傷みません。また、地肌を乾かすようにすると、早く髪の毛が乾きます。髪の毛が多いロングヘアの場合、自然乾燥させると翌日になっても完全に乾いていないことがありますので、ドライヤーは必要に応じて使うようにするといいでしょう。

Neutralizing Rinses 酸性リンス

石けんシャンプーで、アルカリにかたむいた髪の毛を酸性リンスで中和し、髪のきしみをなくしましょう。髪にツヤをだしたり、頭皮のかゆみを改善したり、髪の状態に合わせていろいろに使い分けてみてください。

レモネードのリンス

はちみつとレモンの割合を変えるだけで、パサついた髪の毛にもオイリーヘアにも使える便利な酸性リンス。はちみつレモンを飲むついでに作ることができます。石けんシャンプーを使うと、翌日必ずベタつく頭皮やフケやかゆみ予防に、グレープフルーツの種から抽出されたエッセンスを配合します。

すべての髪質に
調節可能

材料（作りやすい分量）
レモンの果汁…大さじ3
はちみつ…小さじ1～大さじ2
グレープフルーツシードエクストラクト…小さじ1/4

1 すべての材料を混ぜ合わせる。

note

- はちみつの量が多いほどしっとりした髪になります。さっぱりさせたいときは小さじ1で、しっとりとさせたいときは大さじ2で作ります。髪の状態に合わせて加減してください。
- シャンプー後のぬれた髪にスプレーするか、適量を髪全体になじませ、すぐにしっかり洗い流します。
- 1週間くらいなら常温で保存可能。

はちみつレモンのリンス

髪をしっとりさせてくれるはちみつにレモンを漬け込んで作る酸性リンス。
石けんシャンプーのあとのアルカリにかたむいた髪を、レモンが弱酸性に戻してくれます。

とくに
子どもの
ヘアケアに

材料（作りやすい分量）
レモンのスライス…1/2個分
はちみつ…大さじ4～6

1 レモンのスライスをはちみつに１日漬け込む。

note
・ シャンプー後、適量を髪になじませてから洗い流します。または、適量の湯を洗面器に張って、少量のはちみつレモンと混ぜてリンスし、その後、湯で洗い流します。
・ はちみつレモンは食べると疲労回復に効果があります。とくに、はちみつは咳止めや喉のケアに有効な食材といわれています。

ハーブウォーターのリンス

ハーブウォーター（ハイドロソル）にフケや頭皮のかゆみをおさえる
グレープフルーツシードエクストラクトを加えて作ります。
髪や頭皮の状態に合わせてハーブウォーターを選びましょう。

ヘアトニック
としても
おすすめ

材料（作りやすい分量）
ハイドロソル（好みのもの→同頁下記参照）…大さじ4
グレープフルーツシードエクストラクト…小さじ1/8

1 ハイドロソルにグレープフルーツシードエクストラクトを加えて混ぜ合わせる。

note
・ シャンプー後、適量を髪になじませてから軽く洗い流します。髪にスプレーしてそそいだり、洗面器に張った湯で薄めたものでリンスし、洗い流してもいいです。
・ 常温で保存可能です。

ハイドロソルとは

植物からエッセンシャルオイルを蒸留抽出するときにできる芳香蒸留水で、有効成分が含まれている水のこと。ハーブウォーターやフローラルウォーターとも呼ばれています。エッセンシャルオイルと違って禁忌事項がなく、基本的にだれでも好きな香りを使うことができます。

ネロリ
オレンジフラワーとも呼ばれています。ノーマルな頭皮にはもちろん、オイリーな頭皮にもおすすめです。

ローマンカモマイル
すべての髪質に使えますが、とくに乾燥した頭皮、かゆみや湿疹のあるときにおすすめ。赤ちゃんにも使えます。

ペパーミント
夏のヘアケアに最適。とくに頭皮のかゆみやニオイが気になるときにおすすめ。頭痛や鼻づまりでスッキリしないときにも。

ラベンダー
すべての髪質に使えますが、とくに汗による頭皮の湿疹やかゆみのあるときなど、ヘアトニックとしておすすめ。赤ちゃんにも使えます。

ローズ
すべての髪質に使えます。しっとり感をあたえるため、とくに乾燥した頭皮やドライヘアに。お菓子の材料として、またジュースやカクテルに入れるなど、食材としても使われています。

ローズゼラニウム
すべての髪質に使えますが、皮脂分泌をととのえてくれるため、とくに頭皮が乾燥しているとき、または逆にベタベタするときにおすすめで、ノーマルな頭皮にととのえてくれます。子どもにおすすめです。

ローズマリー
頭皮のかゆみやニオイ、フケ対策や抜け毛の予防など、ヘアトニックとしておすすめ。ヘアケアにとてもすぐれたハイドロソルです。

ローズマリーとレモンのビネガーリンス（原液）

レモンの成分が頭皮にさっぱりとした清潔感をあたえてくれます。
さわやかな香りは、こころをリフレッシュ。
ローズマリーはフケやかゆみをおさえ、頭皮のコンディションアップにも。

とくに
オイリーヘアに

材料（作りやすい分量）
米酢…1カップ
ローズマリー（ドライ）…大さじ2〜4
レモンの皮…1個分くらい

1 ローズマリーとレモンの皮を酢に漬けて、10日くらい漬け込む。

note

- 洗面器に張った湯に、まずは大さじ1くらいを目安に混ぜ入れ、髪の状態に合わせてさらに加えるなど濃度を調整しながらリンスします。
- 常温で保存可能です。

クエン酸リンス（原液）

クエン酸で作るリンス。
グレープフルーツシードエクストラクトを加えるとフケや頭皮のかゆみをおさえます。

日持ちする
ヘアリンスとして

材料（作りやすい分量）
クエン酸…大さじ1
水…1カップ
グレープフルーツシードエクストラクト…小さじ1/8
ハイドロソル（好みで→P85）…大さじ2くらい

1 すべての材料を混ぜ合わせる。

note

- 好みのハイドロソルを加えると髪がしっとりとします。ハイドロソルの量は加減して、自分の髪質に合ったしっとり感になるよう調整してください。
- 原液のレシピですので、必ず希釈が必要です。洗面器に張った湯に原液大さじ1くらいを混ぜ入れて、目に入らないようリンスします。

アップルのリンス

ヘアケアにすぐれたリンゴ果汁を使ったヘアリンス。
しっとり感がたりないときは、はちみつを加えるのがポイント。
リンゴの甘い香りは、とくに子どもに喜ばれます。

とくに子どもの
ヘアケアや
パサついた髪に

材料（1回分）
リンゴジュース（果汁100%）…大さじ1
はちみつ（必要であれば）…1〜5滴

1 リンゴジュースに保湿が欲しいときははちみつを加え、混ぜ合わせる。

note

- 石けんシャンプーをしたあと、スプレーしてなじませてから、軽くすすぎます。スプレーボトルに入れて使うと便利です。
- 果汁100%のリンゴジュースは、ヘアスタイリングスプレーとして使うことができます。

Hair Treatments ヘアトリートメント

髪は、カラーリングやヘアアイロンなどで傷みますが、
紫外線を浴びるだけでも髪が乾燥したり、
皮膚と同じようにダメージを受けます。
ヘアトリートメントをして、美しく健康的な髪の毛を保ちましょう。

ホホバとアボカドのヘアオイルパック

パーマやヘアダイで髪の毛が傷んでいる人ほど、その効果が発揮されてくるパック。
人形のナイロンの毛のような手触りからサラサラの髪の毛へと変わるのがわかるはず。

とくに
パサついて
傷んだ髪に

材料(2〜3回分)
ホホバオイル…大さじ1
アボカドオイル…大さじ1
エッセンシャルオイル(好みで→P83)…1〜6滴

1 ホホバオイルとアボカドオイルを容器に入れて人肌くらいにあたためる。
2 好みでエッセンシャルオイルを加えて混ぜ合わせる。

note
・ シャンプー前に使うのがポイントです。傷んだ髪の先などを中心に髪全体にヘアオイルをなじませ、ヘアキャップをかぶります。10分くらいオイルパックしてから、しっかりと石けんシャンプーでヘアオイルを洗い流します。髪の毛のダメージがひどい場合は、20〜30分くらいパックしてからシャンプーするといいでしょう。
・ オイルは徐々に酸化しますが、基本的に腐らないので、少し多めに作ってもいいです。
・ おすすめのエッセンシャルオイルはイランイラン、クラリセージ、サンダルウッド、ラベンダー、ローズウッド、ローズマリー、ローマンカモマイルです。

ローズマリーのヘアオイルパック

グレープシードオイルにローズマリーのハーブを漬け込んだインフューズドオイル。
フケ対策やダメージヘアなど、ヘアケアにとてもすぐれています。

とくに
フケ対策や
傷んだ髪に

材料(作りやすい分量)
グレープシードオイル…1/2カップ
ローズマリー(生)…1本くらい

1 グレープシードオイルにローズマリーを入れて、10日くらい漬け込む。

note
・ 髪全体にヘアオイルをなじませ、ヘアキャップなどをかぶって、10〜20分くらいオイルパックしてから、しっかりと石けんシャンプーでヘアオイルを洗い流します。
・ オイルは徐々に酸化しますが、基本的に腐らないので、少し多めに作ってもいいです。

たまごのヘアパック

卵を使って髪や顔のお手入れをしていた、明治生まれの祖母のレシピのひとつ。
その当時は、卵はとても貴重だったようですが、栄養価の高い卵のヘアケアは
黒髪を大切にする時代に生まれた女性の知恵ともいえます。

とくに
さらっとした感じや
ツヤのない髪に

材料(1回分)
卵…1〜2個
はちみつ…小さじ1

1 卵をフォークや泡立て器などでよく溶き混ぜ、はちみつを加えて混ぜ合わせる。

note
・ 石けんシャンプー後、タオルドライで水分をきってから髪全体に塗り、ヘアキャップをかぶります。ヘアパックがゆるいときは、タオルを巻いてヘアキャップをかぶりましょう。10分くらいたってから、ぬるま湯できれいに洗い流します。あまり熱い湯を使うと、卵がスクランブルエッグになるので要注意。
・ 腐りやすいので、あまったら小麦粉を混ぜて、フェイスパックを作りましょう。

ヘナのヘアトリートメント

ナチュラルヘナを使ったトリートメント。
傷んだ髪ほどヘナトリートメントの効果が発揮されます。白髪染めとしてもおすすめ。

とくに
傷んだ髪のケアや
白髪染めに

材料（ショートヘア1回分）
ナチュラルヘナパウダー…大さじ3
湯（42℃くらい）…大さじ3くらい
バスシロップ（好みのもの→P108〜109）…小さじ2

1 すべての材料をよく混ぜ合わせ、やわらかいペースト状にする。

note

- 毛染めするときと同じように、コームタイプの櫛、ハケ、ヘアキャップ、タオル、ティッシュペーパー、使い捨て手袋などが必要です。
  ヘナが顔や耳に付着しても落としやすいように、あらかじめクレンジングオイルを顔や首、耳などに塗ってからヘナのヘアトリートメントを行いましょう。ヘナペーストが顔や手についたら、ティッシュですぐに拭き取るときれいに取れます。
- ハケを使って髪の根元からていねいに少しずつヘナペーストを塗ります。白髪の多い部分は数ミリ単位でコームを使って髪の毛を分けながら、しっかり塗ります。髪の毛全体に塗れたら、ビニールラップやヘアキャップなどをかぶり、1〜3時間くらいたってから、洗い流します。数日は髪に入った色が落ちますので、汚れてもいいバスタオルを使うようにしましょう。
- ナチュラルヘナには化学成分が含まれていませんので、パーマをかけている人でもヘナを使うことができますが、ブラックヘナなどのようにケミカルの含まれたヘナを使用すると、髪の毛や頭皮への大きなトラブルの原因になるともいわれていますので要注意。

レシチンヘアトリートメント

大豆レシチンを使ったヘアトリートメント。大豆タンパクが傷んだ髪を修復し、
つややかでさらっとした髪にしてくれます。

とくに
石けんシャンプーの
前に

材料（1回分）
大豆レシチンパウダー…小さじ1/4
熱湯（60℃以上）…大さじ3
エッセンシャルオイル（好みで→P83）…1〜5滴

1 60℃以上の熱めの湯で大豆レシチンパウダーをよく溶かし、好みでエッセンシャルオイルを加えてよく混ぜ合わせる。

note

- シャンプーをするように、髪になじませ、地肌をマッサージしてから髪をやさしく洗います。その後、シャンプーバーやリキッドシャンプーで余分なレシチンを洗い流しましょう。
- 腐りやすいので、作ったその日に使い切りましょう。

Chapter 6

Soaps
石けん

固形の純石けんは、水に溶かした水酸化ナトリウムの水溶液を
オイルに加え、混ぜることで鹸化させて作ります。
オイルの種類によって鹸化するスピードがことなるため
レシピによって所要時間がまちまちですし、
通常は鹸化するまでに時間がかかりますが、
本書で紹介する方法は、とても早く作ることができるもので、
忙しい人にはとくにおすすめです。

あっという間に作れる純石けんのレシピ

石けん作りがはじめての人や、短時間で石けんを作りたい人におすすめの方法です。
また、いつまでたっても石けん生地が重たくならないなどと失敗してあきらめてしまった人には、
リベンジしていただきたいレシピです。
忙しくて石けんを作る時間のないときや、出産後など育児でたいへんな時期にはとくにおすすめ。
ちょっとした時間に、ぜひ作ってみてください。

Merit 1

200gの少量の油脂で気軽に作れる石けんのレシピが基本です。

Merit 2

水分を最低限におさえるので、オイルと水酸化ナトリウムの水溶液を混ぜてから10分、長くても30分くらいでモールドに流し込め、また、早ければ翌日から、遅くとも1週間後には石けんを使うことができます。

Merit 3

食材のプラスチックカップや牛乳パック、ヨーグルトなどの容器をリサイクルして作るので、ステンレスの鍋などを特別に用意する必要がなく、準備も簡単で、手間なく作ることができます（石けん作りにおいては、容器などはとくに消毒の必要はありません）。また、ペットボトルを利用して作ることもできます。

基本の作り方

1 精製水40gに紙コップなどに計量した水酸化ナトリウムを加えて溶かし、アルカリ水溶液を作って、50℃になるまで待つ[photo-1]。

[photo-1]

2 油脂を計量し、湯煎にかけて50℃にあたためる[photo-2]。1のアルカリ水溶液と油脂が同じ温度のときに混ぜ合わせるのが理想的とされるが、油脂とアルカリ水溶液の誤差が5℃以内であればOK。

＊ このとき、油脂の計量に、ヨーグルトや豆腐などのプラスチック製パックを再利用すると、そのままモールドにもなり、流し込みの手間が省けて手軽に作れる。

[photo-2]

3 1のアルカリ水溶液と2の油脂がともに約50℃になったら、アルカリ水溶液を油脂の中に少しずつ入れながら、混ぜて鹸化させる[photo-3]。

[photo-3]

4 混ぜ始めの5分間は手を休めずにひたすら混ぜ続ける。

＊ このとき、同じ方向に回して混ぜるだけでなく、逆方向に回したり、前後に揺らしたりしながら鹸化を促進させるのがポイント。5分後以降は、ときどきかき混ぜていく程度でOK[photo-4]。

[photo-4]

作り方のポイント

Point 1 水酸化ナトリウム

水酸化ナトリウム（NaOH）は苛性ソーダともいい、薬局などで購入できます（印鑑と身分証明書が必要）。強いアルカリ性の顆粒であるため、薬事法では劇物に指定されていますので、くれぐれも取り扱いには注意してください。直接肌に触れるとやけどを起こし、また、目に入ると失明の恐れがありますので、必ず取扱説明書を読み、衣類などにつかないよう注意して、作業台には新聞紙などを敷くようにしましょう。万が一、皮膚や目に接触した場合は大量の流水で洗い流し（目の場合は15分以上）、医師の診察を受けましょう。また水に溶かすときに気体が発生し、皮膚や粘膜に刺激を感じることもありますので、換気をしながら作業し、メガネまたはゴーグル、マスク、ゴム手袋を装着して行うと安心です。ちなみに、水酸化ナトリウムは、食品や化粧水のpH調整剤としても使われています。

＊子どもやペットが絶対に触れないように、保管場所や作業場所には要注意。また保管時は、水分に触れて発熱しないように気をつけましょう。あまった水酸化ナトリウムを廃棄する場合は、自治体の清掃事務局などに連絡して、指示に従いましょう。

＊本書レシピにおける水酸化ナトリウムの分量は、純度が99％以上であることが前提です。純度の低いものは、不足している分を算出し、プラスして作るようにしましょう。

Point 2 精製水

水酸化ナトリウムは水と反応すると水温が急激に上がるため、あらかじめ冷蔵庫で冷やした精製水を使うといいでしょう。

Point 3 温度の差

油脂とアルカリ水溶液の温度差が5℃以上になると鹸化されず、オイルと水溶液が分離したままになる可能性が高まります。温度差をできるだけ小さくすることが重要です。とくに石けん作りがはじめての人は、温度が下がっても再びあたためられる容器を使うといいでしょう。また、分離してしまっても、オイルとアルカリの量が間違っていなければ、あたため直して混ぜれば石けんにすることができます。

Point 4 温度設定

オイルが200gと少ないため、冬場やクーラーのかかった寒い所で作ると温度が早く下がってしまいます。50℃くらいの高温設定で作ると失敗せず、早く作ることができます。

Point 5 しっかり混ぜる

最初の5分間だけは、休まずに、しっかりとよく混ぜましょう。

5 オイルが透明からクリーム色に変わり、生地もだんだんと重くなって、見た目も感触もポタージュスープのようになるように混ぜていく[photo-5]。

[photo-5]

6 混ぜると生地に波紋が現れ、手を休めてもその波紋がしばらく消えず、数秒後に消えて平面に戻るくらいの生地になったら、好みで精油やクレイを加える[photo-6]。

[photo-6]

7 6をゼリーなどが入っていた空き容器や牛乳パック、ソープモールドに流し込む[photo-7]。

[photo-7]

8 7を8時間以上保温する。このとき、アイスボックスや発泡スチロールなどを利用したり、箱の中に入れてブランケットで包み込むなどして、しっかり保温する[photo-8]。

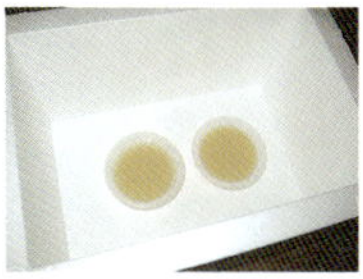

[photo-8]

9 その後、モールドから取り出せるかたさになるまで寝かせ、取り出して乾燥させてできあがり[photo-9]。

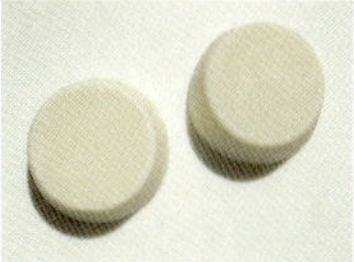

[photo-9]

＊ペットボトルで作る方法も簡単でおすすめです。ボトルをシェイクして鹸化させるので、手で混ぜる方法よりも早く楽に作ることができます。ただし、キャップが外れたり、きちんと閉まっていないと、アルカリ水溶液が混ざったオイルが飛び散り、たいへん危険です。必ずキャップがしっかりと閉まっていることを確認し、またペットボトルをビニール袋などに包んで、万が一、漏れても火傷をしないようにして作るといいでしょう。

Basic Natural Soaps 基本のナチュラル石けん

毎日の生活のあらゆる場面で活躍できるおすすめのナチュラル石けんレシピ。
フェイスやボディ用としてはもちろんのこと、シャンプーバーとしてなど多目的に使えるものばかりです。

! ポイント

手作り石けんのレシピには、肌あたりのやさしいサンフラワーやオリーブなどのソフトオイルをベースに、泡立ちのよいココナッツと、かたく水溶けしにくいパームを使った基本のレシピが一般的ですが、ココナッツオイル同様、パームオイル配合の石けんに肌刺激を感じる人もいます。また、パームツリーの自然保護のために、パームを使わない石けんを作る傾向も出てきています。そのため、本書ではパームを使わないナチュラル石けんのレシピを紹介します。

ジェントルバーソープ

米油だけで作る和風石けん。フェイス＆ボディソープとして、シャンプーバーやハンドソープなど、オールパーパスに使えます。 肌あたりがやさしく、キメの細かい泡立ちのよい石けんができます。私の母の大好きな石けんです。

材料
ライスブランオイル（米油）…200g
水酸化ナトリウム…24g
精製水…40g
エッセンシャルオイル（好みで→P117）…20滴くらい

note
・ 鹸化時間は約10分です。

フェイス＆ボディソープ

ジェントルバーソープにココナッツオイルを配合した、さっぱり洗えて、肌をしっとり潤してくれる石けんです。

材料
ライスブランオイル（米油）…140g
ココナッツオイル…60g
水酸化ナトリウム…27g
精製水…40g
エッセンシャルオイル（好みで→P117）…20滴くらい

note
・ 鹸化時間は約15分です。

クレンジングバーソープ

ココナッツオイルをたっぷり使った、さっぱりと洗い上げながらもしっとり肌を潤してくれるボディソープ。夏場のバスソープに、オイリースキンやコンビネーションスキンのフェイスソープにもおすすめです。

材料
シェイ（シア）オイル…100g
ココナッツオイル…100g
水酸化ナトリウム…29g
精製水…40g
エッセンシャルオイル（好みで→P117）…20滴くらい

note
・ 鹸化時間は約5～10分です
・ シェイ（シア）オイルはバターを分留したもので、分留シェイ（シア）オイルともいいます。

ベビーソープ

赤ちゃんのスキンケアにおすすめなサンフラワーオイルと保湿の高いシェイオイルを使った石けん。ドライスキンや敏感肌、また、フェイスソープ用にもおすすめです。

材料
シェイ（シア）オイル…100g
サンフラワーオイル…100g
水酸化ナトリウム…24g
精製水…40g
エッセンシャルオイル（好みで→P117）…20滴くらい

note
・ 鹸化時間は約5～10分です。

＊ 純石けんの基本の作り方はP92～93を参照。

クレイシャンプーバー

ヘアシャンプーの素材としておすすめなスイートアーモンドオイルとローズクレイを使ったシャンプーバー。保湿の高いシェイオイルも使ったシャンプーバーは、ベビーソープやフェイスソープとしてもおすすめです。

材料

スイートアーモンドオイル…120g
シェイ（シア）オイル…80g
水酸化ナトリウム…24g
精製水…40g
ローズクレイ…小さじ1〜2

note

- 鹸化時間は約10分です。

マイルドシャンプーバー

かゆみのある肌におすすめなスイートアーモンドオイルと保湿力の高いシェイオイルを使った石けん。髪の毛のきしみをおさえ、ツヤをあたえてくれます。ベビーソープやフェイスソープなど、しっとりタイプの石けんとしてオールパーパスに使えます。

材料

スイートアーモンドオイル…140g
シェイ（シア）オイル…60g
水酸化ナトリウム…24g
精製水…40g

note

- 鹸化時間は約15〜20分です。

マルチビタミンフェイスソープ

ビタミンたっぷりのフェイスソープ。メイク落としのクレンジングバーソープとして、またシャンプーバーとしてもおすすめです。

材料

アボカドオイル…120g
ココナッツオイル…40g
マンゴバター…40g
ビタミンEオイル…小さじ1/2
水酸化ナトリウム…26g
精製水…40g

note

- 鹸化時間は約5〜10分です。

ファンゴソープ

マリーンファンゴを配合すると、古い角質を落として美白を引き出す石けんに。肌のシミやくすみの気になる人にはとくにおすすめ。1か月以上使っていくと、くすみがなくなるのを実感していただけることでしょう。また、毛穴ケアにもすぐれ、ニキビができやすい肌用のフェイスソープとしてや、抜け毛予防のシャンプーバーとしてもおすすめ。

材料
サンフラワーオイル…100g
マンゴバター…40g
ココナッツオイル…60g
水酸化ナトリウム…27g
精製水…40g
マリーンファンゴ…小さじ1～2

note
- 鹸化時間は約10分です。
- 肌のタイプに合わせて作るナチュラル石けんのレシピ（P99）にも、同様にマリーンファンゴを配合すると、古い角質を落として美白を引き出す石けんが作れます。

ウィートブランのスクラブソープ

小麦ふすまを配合すると、古い角質を落として美肌を引き出すスクラブソープに。肌をなめらかにし、ツヤをあたえてくれます。肌のトーンやくすみの気になる人におすすめ。

材料
サンフラワーオイル…100g
マンゴバター…40g
ココナッツオイル…60g
水酸化ナトリウム…27g
精製水…40g
ウィートブラン（小麦ふすま）…小さじ1～2

note
- 鹸化時間は約10分です。
- 肌のタイプに合わせて作るナチュラル石けんのレシピ（P99）にも、同様にウィートブランを配合すると、肌をなめらかにしてツヤをあたえてくれる石けんが作れます。

Soap Making Ideas!

粘土ソープ

やわらかくできあがった石けんは、粘土細工のようにドライフラワーの花びらやドライハーブを加えて練ったり、クレイ、マイカなどを混ぜ込んで色をつけたり、いつもとはちがう見た目の楽しい石けんを作ることができます。

- 写真は、ドライフラワーのバラの花びらを練り込んで、ボール状に成形したものです。

＊ 純石けんの基本の作り方はP92～93を参照。

Natural Soap Making for Every Skin Type

肌のタイプに合わせて作るナチュラル石けん

基本のオイルは、サンフラワーオイル、
ココナッツオイル、シェイ（シア）バターの３種類。
そして、ココナッツオイルの割合を変えるだけで、
肌質に合わせたナチュラル石けんを作ることができます。

Point 1

オイルと肌質の関係

ココナッツオイルの割合を多くすると脂性肌用の石けんを、少なくすると乾燥肌用の石けんを作ることができます。また、シェイ（シア）バターの割合が多いと保湿効果が高くなり、乾燥肌や乾燥した季節におすすめの石けんが作れます。肌の状態や季節に合わせてレシピを選んで作ってみましょう。

Point 2

シェイ（シア）バターの配合は20%がおすすめ

パームオイルを使わない本書のレシピの場合、シェイ（シア）バター10%配合と20%配合の石けんを比べた場合、大人の肌には違いがほとんど感じられないようですが、子どもが使って比べると、20%配合の方を好む傾向があります。また、20%配合にすると、石けんの溶け崩れが少ないだけでなく、石けんを作った翌日からモールドから取り出し、数日後には使うことができるようになりますが、1週間くらいたった方がより肌当たりのよい石けんになります。

Point 3

水の分量について

昔ながらの手作り石けんレシピは、オイルの重さに対して35%くらいの水の量で紹介されていますが、現在では25%で作るのが一般的になってきました。本書のレシピは、固まった石けんをカットしないで作るレシピが基本であるため20%となっていますが、大きいモールドに流し込んでカットしてバーをいくつも作る場合は、25%の水が必要です。

ドライスキン&ノーマルスキン・ソープ

とても
しっとり

材料
サンフラワーオイル…140g
ココナッツオイル…20g
シェイ（シア）バター…40g
水酸化ナトリウム…25g
精製水…40g
エッセンシャルオイル（好みで→P117）…20滴くらい

ノーマルスキン・ソープ

しっとり
&
さっぱり

材料
サンフラワーオイル…100g
ココナッツオイル…60g
シェイ（シア）バター…40g
水酸化ナトリウム…27g
精製水…40g
エッセンシャルオイル（好みで→P117）…20滴くらい

ノーマルスキン&オイリースキン・ソープ

さっぱり

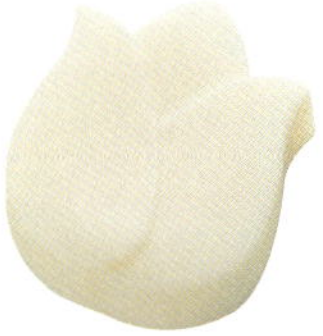

材料
サンフラワーオイル…60g
ココナッツオイル…100g
シェイ（シア）バター…40g
水酸化ナトリウム…29g
精製水…40g
エッセンシャルオイル（好みで→P117）…20滴くらい

コンビネーションスキン・ソープ

さっぱり
&
しっとり

材料
サンフラワーオイル…40g
ココナッツオイル…80g
シェイ（シア）バター…40g
キャスターオイル…40g
水酸化ナトリウム…28g
精製水…40g
エッセンシャルオイル（好みで→P117）…20滴くらい

＊ 純石けんの基本の作り方はP92〜93を参照。

Troubleshooting

ナチュラル石けん作りを成功させるために!

Q 石けん生地が、いつまでたっても重たくなりません。

A 本書レシピで作った場合、遅くても30分くらいでモールドに流し込めます。もしも1時間以上たっても生地がポタージュスープのように重たくならないときは、温度が低いことが考えられます。混ぜて鹸化すると温度が上昇していきますが、50℃以下に下がっている場合は、再度あたため直して温度を上げるようにしましょう。また、計量ミスも原因の一つと考えられます。再度、水酸化ナトリウム、水、オイルのそれぞれの分量をチェックしてみましょう。また、本書レシピは、水酸化ナトリウムが純度99%以上のものであることが前提の分量です。純度の低いものは、不足している分を算出し、プラスして作ってください。

Q 石けんの生地がすぐに固まってきました。

A 本書のレシピには、5分くらいで生地が重たくなるレシピがあります。モールドに流し込んでから、その後、できあがった石けんの状態で、よい石けんかどうかが判断できます。普通にできあがれば問題ありません。ただし、エメンタールチーズのようにいくつも穴があいていたり、カマンベールチーズのように真っ白なパウダーで包まれている場合は、水酸化ナトリウムの量が多すぎる石けんですので、使用するのは危険です。

Q エッセンシャルオイルを加えると、生地がすぐに固まってきました。

A 柑橘系のエッセンシャルオイルを加えたときに、石けん生地が急に固まることがありますが、石けんとして使うことは問題ありません。

Q 石けんの表面に少し白いパウダーのようなものがついています。

A これは、ソーダアシュという炭酸塩で、少量の場合はそのまま使用しても問題はありませんが、肌質によっては刺激を感じます。肌の弱い人や小さい子どもには、かゆみや湿疹の原因になることもあるので、洗い流すかそぎ落としてから使ってください。

Q 無香料の石けんなのに、からだを洗うとピリピリします。

A 石けんを寝かせる期間があまりにも短すぎた場合、鹸化が十分に促進されず、刺激を感じることがあります。しっかりと乾燥するまで、または1週間くらい乾燥させてから使ってみてください。ほかの原因として、アルカリの割合が多すぎたことも考えられます。その場合は、洗濯石けんなどに利用しましょう。

Chapter 7

Baths
お風呂

火山の多い日本は温泉の宝庫です。
泉質はそれぞれに異なり、
色や効能にさまざまなタイプのものがあります。
観光をかねて温泉に行きたいけれど、
なかなか実現できないようなときには、
ぜひ、温泉のもとやバスソークを手作りして、
自宅で手軽に温泉を楽しみ、その日の疲れを癒しましょう。
ゆっくりバスタブにつかると、からだのデトックスだけでなく、
こころのデトックスもうながされて、
心身ともに健康な日々が過ごせるようになります。

Hot Spring Minerals 温泉のもと

温泉には、含鉄泉や重曹泉、塩化物泉など、いろいろな泉質と、それによるさまざまな効能があります。婦人の湯、美肌をつくる重曹泉、湯冷めのしにくい塩化物泉が、自宅で手軽に楽しめるレシピです。

! 注意

高血圧などの病気や、皮膚炎の人は、医師に相談のうえ、使用してください。また、温泉の効能には切り傷などもありますが、傷口が開いている場合は使用しないでください。入浴中や入浴後、皮膚にかゆみや湿疹がでたときは、使用を中止し、医師に相談してください。

! 浴槽について

ベーキングソーダを使ったバスソーク（入浴剤）は、お風呂の掃除に最適。残り湯を使って、浴槽などの掃除をすることができます。また、クレイを使ったバスソークは、湯アカにクレイが吸着するため、浴槽の汚れにクレイの色が着色します。湯アカは簡単に取れて掃除がラクになるといわれていますが、クレイの色が付着した浴槽は一見汚く見えてしまうため、浴槽の掃除をする前にクレイを使ったバスソークを使うのがおすすめです。

レッドカオリンの婦人の湯

含鉄泉とよばれる鉄イオンを多く含む温泉は、貧血をはじめ月経障害や更年期障害などの症状に効果的であるため、婦人の湯と呼ばれています。鉄分を多く含むレッドのカオリンを使って作る茶褐色の湯。

材料（1回分）
カオリン（レッド）…大さじ4
エッセンシャルオイル（好みで→P117）…4～8滴

1 カオリンにエッセンシャルオイルを混ぜ合わせる。

note

・ レッドのカオリンの赤い成分がタオルを染めてしまうので要注意。また、浴槽の湯アカに色が付着することがあります。

重曹の美人の湯

重曹泉は肌をなめらかでやわらかくする効果があるため、美人の湯といわれています。
またアトピー性皮膚炎や皮膚病にもよいとされています。ベーキングソーダを使って作る無色透明の湯。

材料（1回分）
ベーキングソーダ（重曹）…1カップ
エッセンシャルオイル（好みで→P117）…4～8滴
はちみつまたは植物性グリセリン（必要であれば）…大さじ1

1 すべての材料を混ぜ合わせる。

note

・ 重曹泉は肌をドライにするため、保湿が欲しい肌質の人は、はちみつか植物性グリセリンを加えましょう。

海塩の温まりの湯

塩化物泉は、湯冷めしにくいことから温まりの湯といわれています。
冷え性や皮膚炎に、また殺菌効果があるため、切り傷などの外傷治癒にも効果的とも。
ナトリウムをたっぷり含む海塩を使って作る無色透明の湯。

材料（1回分）
海塩…1カップ
エッセンシャルオイル（好みで→P117）…4～8滴

1 海塩にエッセンシャルオイルを混ぜ合わせる。

note

・ エッセンシャルオイルを加えると、アロマバスが楽しめます。

Bath Soaks バスソーク

バスソークを使ったお風呂の色や香りでセンサリーセラピーを。
肌もしっとりなめらかになり、バスタイムを一層楽しくさせてくれます。
お風呂でゆったりしながら、からだもこころも癒しましょう。

桜茶のバスソルト

薬効のある桜茶を使ったバスソーク。お祝いの席だけではなく、咳止め、湿疹、二日酔いに効果があるとされ、健康茶としても親しまれている桜茶。心地よい桜の香りが漂うお風呂は、リラックス＆デトックスに最適です。

材料（1回分）
海塩…1/2カップ
桜の塩漬け…小さじ1〜2

1 海塩と桜の塩漬けを容器に入れて、しっかりシェイクし、海塩をピンクに色づけする。

抹茶のバスソーク

ベーキングソーダを使った重曹泉に抹茶の抗酸化作用をプラスしたバスソーク。
抹茶の香りとさわやかな美しさのグリーンのお湯が楽しめます。

材料（1回分）
抹茶…小さじ1
ベーキングソーダ（重曹）…1/2カップ

1 ベーキングソーダと抹茶をよく混ぜ合わせる。

ファンゴバスソーク

クレイと海塩でダブルのデトックス効果。新陳代謝がうながされ、血行がよくなります。

材料（1回分）
クレイ（好みのもの→P118〜119）…大さじ2
海塩…大さじ1
エッセンシャルオイル（好みで→P117）…4〜8滴

1 すべての材料をよく混ぜ合わせる。

ミルクとローズのバスソーク

乾燥から肌を守るミルクを使ったバスソーク。
ミルクとローズの香りがお風呂に充満して、からだもこころも休まります。

材料（1回分）
バターミルクパウダー…大さじ2
ローズペタルパウダー…小さじ1

1 ローズペタルパウダーとバターミルクパウダーを混ぜる。

Bath Fizzies バスフィズ

バスフィズは発泡タイプの入浴剤で、炭酸ガスによる温浴効果があります。
お風呂に入れると、シュワシュワっと音を立てながら発泡します。自宅で楽しく炭酸泉を！

基本のアイスクリーム風バスフィズ

材料（作りやすい分量）
ベーキングソーダ（重曹）…大さじ2
クエン酸…大さじ1
植物性グリセリンまたは好みのスキンケアオイル（P114〜115）…小さじ1/2

1 ベーキングソーダとクエン酸を混ぜ、植物性グリセリンまたは好みのスキンケアオイルを加えて、混ぜ合わせる。
2 アイスクリームディッシャーを使う場合は、形を作り、触っても崩れないかたさになるまで数時間から半日乾燥させる。アイスクリームカップなどのモールドを使う場合は、混ぜ合わせた材料を入れて押し固め、触ってかたくなっていたら、取り出してできあがり。

note
・スキンケアオイルを加えると、バスオイルを使ったあとのように油分が肌に付着します。ベタベタするのが苦手な人は植物性グリセリンを使いましょう。植物性グリセリンは水に溶けるので、肌がベタつきません。
・バスフィズは湿気を帯びると発泡します。雨の日や湿気の多い日を避けて作り、乾燥剤を入れた密封保存がおすすめです。

抹茶アイス風バスフィズ

抹茶に含まれる抗酸化作用とさわやかな香りが心地よいバスフィズ。

材料（1回分）
ベーキングソーダ（重曹）…大さじ4
クエン酸…大さじ2
植物性グリセリンまたは好みのスキンケアオイル…小さじ1
抹茶…小さじ1/2

1 ベーキングソーダ、クエン酸、抹茶をよく混ぜてから、植物性グリセリンまたは好みのスキンケアオイルを混ぜ合わせる。
2 アイスクリームディッシャーを使って形を作り、触っても崩れないくらいにかたくなるまで数時間から半日乾燥させる。

イチゴアイス風バスフィズ

クレイの毒素吸着作用を活用して、皮膚トラブルを緩和するローズクレイを配合したイチゴアイスクリームそっくりのかわいいバスフィズ。

材料（1回分）
ベーキングソーダ（重曹）…大さじ4
クエン酸…大さじ2
植物性グリセリンまたは好みのスキンケアオイル…小さじ1
ローズクレイ…小さじ2
クランベリーシード（あれば）…小さじ2

1 ベーキングソーダ、クエン酸、ローズクレイ、クランベリーシードをよく混ぜてから、植物性グリセリンまたは好みのスキンケアオイルを混ぜ合わせる。
2 アイスクリームディッシャーを使って形を作り、触っても崩れないくらいにかたくなるまで数時間から半日乾燥させる。

note
・ ローズクレイを、植物性グリセリンを入れてから加えて、ざっと混ぜると、マーブリングができます。作るときの気分で、色の表情を楽しんでみてください。

チョコレートアイス風バスフィズ

ココアの香りは、ストレスをやわらげ、気持ちをリラックスさせます。ストレスがたまっていたり、寝不足が続くときにおすすめのバスフィズ。

材料（1回分）
ベーキングソーダ（重曹）…大さじ4
クエン酸…大さじ2
植物性グリセリンまたは好みのスキンケアオイル…小さじ1
ココアパウダー…小さじ2

1 ベーキングソーダ、クエン酸、ココアパウダーをよく混ぜてから、植物性グリセリンまたは好みのスキンケアオイルを混ぜ合わせる。
2 アイスクリームディッシャーを使って形を作り、さわっても崩れないくらいにかたくなるまで数時間から半日乾燥させる。

note
・ ココアパウダーを、植物性グリセリンを入れてから加えて、ざっと混ぜると、マーブリングができます。作るときの気分で、色の表情を楽しんでみてください。

Bath Syrups バスシロップ

オイルフリーのバスオイルとして、
また、芳香および有効成分が含まれたグリセリンとして石けんやスキンケア、
ヘアケアのレシピに配合することができる便利なシロップです。

レモンのバスシロップ

デトックスして、こころもからだもリフレッシュできます。フットバスやお風呂におすすめ。ヘナをしたあとのヘアパックやオイリーなヘアケアにもどうぞ。

材料（作りやすい分量）
レモンの皮…1個分
植物性グリセリン…1/2カップ

1 レモンの皮を植物性グリセリンに漬け込む。
2 レモンの皮のエキスを1週間くらい浸出させる。

note

- 柑橘系の皮には光感作作用のある成分が含まれています。フェイスマスクや化粧水に配合して使う場合は、使用後、最低でも8時間は日光にあたらないようにしましょう。

オレンジのバスシロップ

甘くやさしいオレンジの香りは、こころが安らぎ、リラックスさせてくれます。体内循環をよくするので、フットバスにおすすめです。

材料（作りやすい分量）
オレンジの皮…1/2個分
植物性グリセリン…1/2カップ

1 オレンジの皮を植物性グリセリンに漬け込む。
2 オレンジの皮のエキスを1週間くらい浸出させる。

note
・ 柑橘系の皮には光感作作用のある成分が含まれています。フェイスマスクや化粧水に配合して使う場合は、使用後、最低でも8時間は日光にあたらないようにしましょう。

ライムのバスシロップ

さわやかな香りが、こころをリフレッシュさせてくれます。風邪気味や憂うつなときの芳香浴にも。

材料（作りやすい分量）
ライムの皮…2個分
植物性グリセリン…1/2カップ

1 ライムの皮を植物性グリセリンに漬け込む。
2 ライムの皮のエキスを1週間くらい浸出させる。

note
・ 柑橘系の皮には光感作作用のある成分が含まれています。フェイスマスクや化粧水に配合して使う場合は、使用後、最低でも8時間は日光にあたらないようにしましょう。

ローズマリーのバスシロップ

肌のたるみやアンチエイジングのスキンケアに。また、フケ予防や育毛のヘアケアにもおすすめ。

材料（作りやすい分量）
ローズマリー（生）…2本くらい
植物性グリセリン…1/2カップ

1 ローズマリーを植物性グリセリンに漬け込む。
2 ローズマリーのエキスを1か月くらい浸出させる。

ブルーベリーのバスシロップ

アントシアニンやビタミン類が多いブルーベリーは、スキンケアに最適な素材です。フルーティーな香りは、子どものハンド&フットバスにもおすすめ。

材料（作りやすい分量）
ブルーベリー…40個くらい
植物性グリセリン…1/2カップ

1 ブルーベリーを植物性グリセリンに漬け込む。
2 ときどき混ぜながら、ブルーベリーのエキスを数日〜1週間くらい浸出させる。

ローズウッドのバスシロップ

ツヤのない肌やシワなどのスキンケア全般におすすめ。子どもにも使えるエッセンシャルオイルでリラックス作用があり、こころをなごませる香りです。

材料（作りやすい分量）
ローズウッド（エッセンシャルオイル）…5〜10滴
植物性グリセリン…大さじ1

1 ローズウッドを植物性グリセリンに加えて、混ぜ合わせる。

note
・ 精製水と混ぜると化粧水になり、ローズウッドのスキントーナー（P35）を作ることもできます。

Bath Teas ティーバッグを使ったお風呂

ティーバッグを入れるだけでこころとからだのヒーリング、そしてスキンケアにも役立つお風呂に！
使用後のティーバッグは、アイピロウとして再利用できます。

カモマイルティーのお風呂

心を穏やかにする作用のあるカモマイルティー。肌荒れをおさえるなどの理由から、スキンケアによく使われるカモマイルは、リラックス作用や安眠をたすけてくれるため、入浴剤としてもおすすめです。

材料（1回分）
カモマイルティーのティーバッグ…4個

1 カモマイルティーのティーバッグを入れたマグカップに熱湯を入れて、濃い目のカモマイルティーを作り、お風呂にそそぎ入れる。
2 同じ作業を数回行ってカモマイルティーバスを作る。

グリーンティーのお風呂

緑茶に含まれるカテキンは、抗酸化作用があり、紫外線による肌のダメージから守ってくれます。また、肌の老化を遅らせ、美白作用も期待できるため、入浴剤として使うと全身のケアに役立ちます。昼の外出前なら、グリーンティーの成分が肌に浸透して、紫外線を緩和。また、夜ゆっくり入るときなら、デトックス効果でゆっくり眠れ、翌日に向けてリフレッシュできます。

材料（1回分）
グリーンティーのティーバッグ…4個

1 グリーンティーのティーバッグを入れたマグカップに熱湯を入れて、濃い目のグリーンティーを作り、お風呂にそそぎ入れる。
2 同じ作業を数回行ってグリーンティーバスを作る。

使用後のティーバッグを使ったヒーリングケア

●ホットアイピロウとして疲れ目のケアに

入浴剤として使ったあたたかいティーバッグを目の上にのせるだけで、目の疲れをほぐし、リラックスさせてくれます。ただし、ミントティーは刺激の強いものがあるので、避けましょう。

●コールドアイピロウとして瞼や目のむくみ、はれのケアに

瞼や目がむくんだり、はれているときは、冷蔵庫で冷やしたティーバッグのアイピロウを。また、とくにむくみの改善には、カフェイン成分が有効的ですので、カフェインを含む緑茶や紅茶のティーバッグがおすすめです。カモマイルティーにはカフェインは含まれていませんが、鎮静作用があります。ただし、ミントティーは刺激の強いものがあるので、避けましょう。

●湿布として頭痛や鼻づまりのケアに

ミントティーのメントール成分は頭痛を緩和してくれるため、冷蔵庫で冷やしたティーバッグをこめかみや額にのせるといいでしょう。また、風邪や花粉症の鼻詰まりの緩和にも役立ちます。香りをかぎながら呼吸することにより、鼻づまりが改善されます。

ミントティーのお風呂

ミントのメントール成分が心身ともにリフレッシュさせてくれるお風呂。汗ばむ夏に、また、筋肉痛や肩コリにも。

材料（1回分）
ミントティーのティーバッグ…2個

1 ミントティーのティーバッグを入れたマグカップに熱湯を入れて、濃い目のミントティーを作り、お風呂にそそぎ入れる。
2 同じ作業を数回行ってミントティーバスを作る。

ルイボスティーのお風呂

ミネラルや抗酸化作用が緑茶よりも高く、スキンケア商品の有効成分として重宝されているルイボスティー。アレルギー体質を改善するといわれ、アトピー性皮膚炎の人にはとくにおすすめ。

材料（1回分）
ルイボスティーのティーバッグ…4個

1 ルイボスティーのティーバッグを入れたマグカップに熱湯を入れて、濃い目のルイボスティーを作り、お風呂にそそぎ入れる。
2 同じ作業を数回行ってルイボスティーバスを作る。

Ingredient Information for Natural Face & Body Products

手作りを楽しむためのおもな素材基礎知識

本書レシピで使用している材料は、どれもからだへの有用性や安全性が確認されている素材です。
それぞれの素材がもつ力をよりよく、また、安全に引き出すために、
おもな素材の特徴や使い方についての基本を理解しておくようにしましょう。

●アーモンドミール
お菓子やパン作りなどに使う食材。スキンケアにはスクラブ剤としてボディスクラブや石けんの素材に使います（食品店、通販など）。

●アロエバター
アロエベラを固形ココナッツオイルに浸出したもので、乾燥から肌を守ってくれます。アロエの外傷治癒作用、消炎作用、鎮痛作用と、ココナッツオイルの紫外線を緩和する作用をあわせもち、紫外線の強い時期の外出、また、とくに日焼け前後のお手入れにおすすめ（通販など）。

●アロエベラジェル
アロエベラから抽出されたジェルは外傷治癒作用、消炎作用、鎮痛作用、皮膚修復と水分補給する効果があります。また、美白作用もあり、化粧水やナイトクリームなどに配合されています（通販など）。

●ウィートブラン（小麦ふすま）
お菓子やパン作りなどに使う食材。スキンケアには豊富に含まれたミネラルを生かしたフェイシャルマスクや、マイルドなスクラブ剤としてボディポリッシュやスクラブ石けん作りに使います（食品店、通販など）。

●ウォールナッツシェル
クルミの殻を粉砕したかたいスクラブ剤。顔に使うと皮膚を傷つけてしまうため、肘やかかとのかたい部分のボディケアに（通販など）。

●オートミールパウダー
アトピー性皮膚炎や湿疹、乾燥によるかゆみのある肌のスキンケアに有効で、オートミールを入れたお風呂は米国の医師もすすめています。クレンジング効果があるため、皮膚トラブルで石けんが使えないときや、からだが乾燥しすぎて石けんを控えたいときなどに、オートミールを石けんのように使うことができます。粒状のものは、ミルなどで粉末にすれば使えます（食品店、通販など）。

●海塩（シーソルト）
ナチュラルなスクラブ剤としてソルトグロウなどのボディケアに。また、保温効果があるため、バスソルトなどの入浴剤としてもおすすめの素材です（食品店、通販など）。

●キサンタンガム
コーンスターチなどの糖類を発酵させたジェル化剤。化粧水や乳液、リキッドソープなどに加えて粘性を引き出すために使います（食品店、通販など）。

●キャンデリラワックス
キャンデリラという植物からとれる黄色いワックスで、リップクリームや軟膏を作るときに使います（通販など）。

●クエン酸
柑橘類などに含まれる酸味のもと。水に溶かしてpH調整に使います。また、入浴剤のかわりにお風呂に入れると弱酸性泉と同じような効果が得られます。（薬局など）。

●クランベリーシード
クランベリーの種子。スクラブ剤として使います。クランベリーシードのきれいな色も生かせる透明なボディソープやボディスクラブ剤に配合されることが多い素材です（通販など）。

●グレープフルーツシードエクストラクト（GSE）
グレープフルーツの種から抽出されたもの。水分を使ったレシピに1～2%加えると、雑菌の繁殖防止に役立ちます。水分を加えたくないレシピには、パウダー状のものを（通販など）。

●ケルプパウダー
大形褐藻類のケルプを粉末にしたもの。ケルプを使ったマスクは、使用後の肌の違いが実感しやすい素材のひとつで、肌をしっとりなめらかにしてくれます。多くのスパでは、ケルプを使ったフェイス&ボディトリートメントが行われています（食品店、通販など）。

●ココアバター
肌をなめらかにし、保湿効果が高いバター。手作りのクリームに少し加えるだけでチョコレートの香りをつけることができます（通販など）。

●コーンスターチ（化粧品用）
メイズスターチやベジタブルタルクの名前でパウダーの基剤として販売されていることもあります。食用と化粧品用とがあり、化粧品用でも片栗粉のような手触りのものもあります。フェイスパウダーとして使う場合は、ベビーパウダーのような手触りの粒子が細かいものがおすすめです（通販など）。

●酸化亜鉛
消炎、鎮痛作用があり、日焼け後のケアにおすすめ。また、皮膚炎やおむつかぶれなどのケア用の有効成分として使われています。また、紫外線 UVA 波、UVB 波を乱反射するため、日焼け止めにも。収斂作用が高いため、配合量が少なくても肌が乾燥したり刺激を感じる人もいます。サンブロック用などに肌に塗っても白くならないよう微粒子にした素材もありますが、本書では紫外線反射効果や安全性の面などから一般的な粒子のものを使うことをおすすめします（通販など）。

●酸化鉄
古くから化粧品に使われてきた安全な顔料で、イエロー、レッド、ライトブラウンなどいろいろありますが、取り扱い業者によって色は多少ことなります。ひとつのレシピに微量しか使わないので、いろいろなレシピに使うといいでしょう。また紫外線を乱反射する作用もあり、日焼け止めにも使える素材です（通販など）。

●植物性グリセリン
石けんを製造する過程で得られる副産物。甘味のある粘性の強い透明な液体で、皮膚の柔軟剤、保湿剤として化粧品や石けんのスキンケア商品に添加されています。濃度 98%以上の化粧品用濃グリセリンを選ぶようにしましょう。入れすぎると逆に乾燥してしまうので、レシピの分量を厳守（通販など）。

●ジンジャールートパウダー
生姜の根を粉状にしたもの。ジンジャーパウダーともいわれています。生姜湯など、湯に溶かして飲むとあたたまるため、からだが冷えたときにおすすめ。また、フットマスクに使うと、足の血行がよくなり、体内循環をよくして冷え性の改善に役立つ素材です（食品店、通販など）。

●精製水
精製された不純物の少ない水。化粧品や乳液、石けんなどを作るときに使います（薬局）。

●大豆レシチンパウダー（植物性レシチン）
天然の植物性乳化剤として使います。また、保湿力にすぐれているため、保湿剤として化粧品に配合されることもある素材です（食品店、通販、薬局など）。

●ナチュラルヘナパウダー
傷んだ髪を修復するトリートメント剤として使われます。毛髪に色素が入り込むため、染毛剤としても。合成染料が添加されているものもあるため、必ず 100%天然のものを選ぶようにしましょう（通販など）。

●二酸化チタン
紫外線 UVA 波、UVB 波を乱反射し、日焼け止めなどに使用します。一緒に合わせる材料により、水に溶けやすい「親水性」と油に溶けやすい「親油性」を使い分けましょう。サンブロック用などに肌に塗っても白くならないよう微粒子にした素材もありますが、本書では紫外線反射効果や安全性の面などから一般的な粒子のものを使うことをおすすめします（通販など）。

●ハイドロソル
植物からエッセンシャルオイルを蒸留抽出するときにできる芳香蒸留水。フローラルウォーターやハーブウォーターとも呼ばれます（P85 参照）。有効成分を含んだ水ですが、エッセンシャルオイルと異なり、基本的にだれでもどの種類でも使うことができます（アロマ専門店、通販など）。

●バターミルクパウダー
バターを作る過程で得られる副産物で、その保湿成分を生かし、お風呂に入れてミルクバスに。また、シミやソバカスなどの色素沈着を改善させるため、フェイスマスクに使われます（食品店、通販など）。

●はちみつ
保湿効果や殺菌作用があります。肌をやわらかくして潤いをあたえてくれるため、とくにフェイスマスクなどの顔のお手入れにおすすめ（食品店、専門店など）。

●ベーキングパウダー（重曹）
脱臭、洗浄効果があり、掃除、洗濯から入浴剤と幅広く使われています。安全性が高く、食品や医薬品にも使われています（薬局、食品店など）。

●マイカ
雲母のことで、自然の鉱石を細かく砕いたもの。フェイスパウダーに使うとツヤと透明感がでます。酸化鉄や二酸化チタンをコーティングして発色させているカラーマイカは化粧品などの色づけに使われています（通販など）。

●マンゴバター
マンゴの核から抽出。肌を保湿し、紫外線から守るはたらきがあります。そのまま肌に塗ると、きれいに日焼けすることができます（通販など）。

●メントールクリスタル
ペパーミントやミントオイルに含まれるメントールという成分で、無色の結晶体です。薬用リップクリームやメントール軟膏を作るときに使います（通販など）。

●ライスブラン（米ぬか）
昔からスキンケアに使われている米ぬか。肌の汚れを落とし、石けんのように使えます。また、ツヤのあるなめらかな肌にするため、パックなどのスキンケアに使われています（食品店、通販）。

●ローズペタルパウダー
バラの花びらを乾燥させてパウダーにしたもので、ローズパウダーともいいます。ボディパウダーやバスソークの色づけや香りづけに使われます。レシピによっては、ローズティー（バラ茶）で代用できるものもあります（通販など）。

＊本書レシピの材料は、店頭販売だけではなく、インターネットによる通信販売のほか、薬局や食品店、アロマセラピー専門店など、材料によって入手方法がそれぞれに異なる場合がありますので、あらかじめご確認の上、レシピ作りをスタートするようにしましょう。

Skin Care Oils

スキンケアオイルについて

スキンケアに使われるオイルには、さまざまな種類があります。肌のタイプに合ったものを探して使うようにしましょう。ボディトリートメント用には食用グレードのものではなく、化粧品グレードや医療グレードのものを。または、食用とスキンケア兼用に使えるオイルを入手して使うといいでしょう。また、グレードに関係なくパッチテストは必ず行いましょう（P13参照）。

アボカドオイル

オレイン酸やビタミンEを多く含む、栄養価の高いオイル。肌への浸透性が高く、乾燥肌や日焼け後のケア、アンチエイジングのスキンケアに使われています。

キャスターオイル（ひまし油）

はちみつのように粘性が高く、リシノール酸を90%ほど含むため、水分をひきつける性質があります。そのため、保湿効果がきわめて高く、乾燥した唇のケアや傷んだ髪のケアにたいへんすぐれています。

ウォールナッツオイル（くるみ油）

抗炎症作用が高く、ビタミンEを多く含むため、 目尻のシワのケアや湿疹などの乾燥した肌にも有効です。また、ノンコメドジェニックオイルのため、コメド（角栓）やニキビのできやすい人におすすめ。

グレープシードオイル

ビタミンやミネラルが豊富で、肌細胞を保護し、老化を予防するはたらきがあります。さらっとした軽い質感で、どの肌質にも使えますが、とくに脂性肌や敏感肌におすすめ。

オリーブオイル

オリーブオイルは、オレイン酸とビタミンEを多く含みます。保湿作用が高く、肌や髪の美しさを保つために効果的です。

サンフラワーオイル（ひまわり油）

保湿効果が高く、ビタミン類を多く含みます。赤ちゃんのスキンケアにもおすすめ。毛穴をふさがないノンコメドジェニック素材のため、コメド（角栓）やニキビができやすい肌のケアに。

オリーブスクワランオイル

オリーブオイルから抽出された植物性スクワランオイル。スクワランは人の皮脂膜に含まれ、年とともに減少するため、スクワランオイルを補うことでアンチエイジング効果も。赤ちゃんや敏感肌のスキンケアにも使えます。

シェイ（シア）オイル

アフリカのカリテという木の実の種からとれたバターを分溜抽出したもの。紫外線をさえぎるはたらきがあり、保湿効果が高く、乾燥から肌を守ります。湿疹や皮膚炎、火傷などの皮膚トラブルにもおすすめ。

スイートアーモンドオイル

ミネラルやビタミンを多く含み、皮膚を柔軟にする作用があります。また、抗炎症作用があり、かゆみのある乾燥肌や湿疹のケアに使われます。

ホホバオイル

エステルと呼ばれる液体ワックスで、人の皮脂にも含まれています。保湿作用が高く、すべての肌質に使えます。皮脂の分泌を抑制するため、ニキビができやすい肌や頭皮のケア、赤ちゃんのスキンケアにもおすすめ。

バージンココナッツオイル

ココナッツの香りが豊かで、常温では固形ですが、夏場などの気温高いところでは液体になります。肌への浸透性が高く、老化の原因になる活性酸素をおさえてくれる効果が期待できます。マッサージオイルとしてもおすすめ。

ポメグラネイトオイル

ザクロの種からとれるオイルで、美肌効果のあるエラグ酸やプニカ酸を多く含みます。保湿力が高く、肌に潤いをあたえ、キメをととのえる作用があります。

ビタミンEオイル

はちみつのように粘性が高く、抗酸化作用にすぐれたトコフェロール（ビタミンE）を多く含みます。アンチエイジングやシワ対策のスキンケアに使われます。

マカダミアナッツオイル

肌に浸透しやすく、抗酸化作用があります。加齢とともに減少する皮脂のパルミトオレイン酸を多く含むため、乾燥肌や老化肌におすすめ。

分留ココナッツオイル

無色透明の無臭のオイルで、。肌に浸透しやすく、さらっとした使い心地が特徴。主成分はカプリル酸とカプリン酸のため、肌刺激を感じる人もいますが、問題なく使える人には、紫外線から肌を守るスキンケアとしておすすめ。

ライスブランオイル（米油）

米の胚芽油のことで、米ぬかオイルとも呼ばれています。日本人になじみ深いスキンケアオイルで、抗酸化作用が高く、紫外線をさえぎるはたらきがあります。保湿力もあり、敏感肌や乾燥肌におすすめ。

＊スキンケアオイルは、インターネットによる通信販売のほか、アロマセラピー専門店などで入手できます。

Essential Oils

エッセンシャルオイルについて

エッセンシャルオイル（精油）は、７つのグループに大きく分けることができます。
同じグループのもの、またはとなり合うグループのものとの香りの組み合わせは相性抜群です。

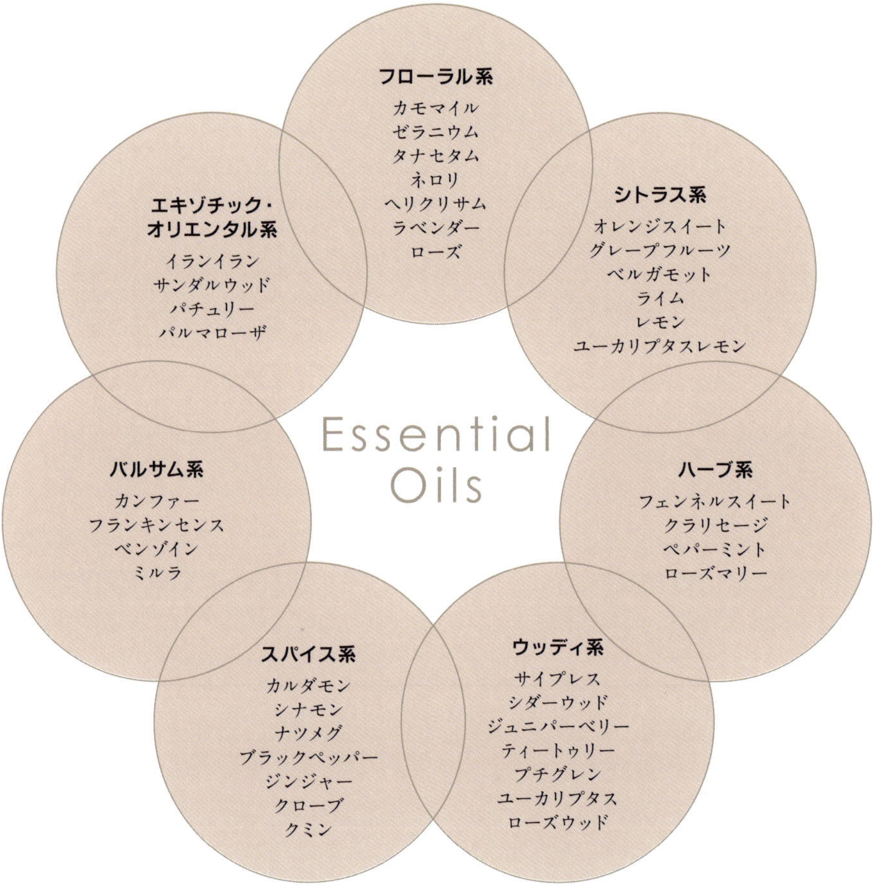

希釈濃度について

日本におけるエッセンシャルオイルの希釈濃度は1%、敏感肌の人や子どもには半分の0.5%が推奨されています。一方、欧米では2～3%、スキンケアのレシピによっては4～5%のときもあるため、海外で刊行された書籍などのレシピでスキンケアをすると、肌刺激を感じることがあります。一般的に、日本人は白人よりも色素沈着しやすく、敏感な肌をもっているため、希釈濃度は1%を基本とすることがおすすめです。小さじ1（5ml）に対してエッセンシャルオイル1滴が希釈濃度1%です。ドロッパーによって多少ことなりますが、1ml=20滴が目安となります。

使い方のポイント

Point 1 香り

効能的に合ったエッセンシャルオイルであっても、いまひとつと思うような香りや、強すぎて臭く感じたり、頭が痛くなる香りのものは無理をして使わずに、まずは好きなものから使用するようにしましょう。好きではない香りは、からだそのものも、そのエッセンシャルオイルを必要としていません。年齢やそのときの体調によって香りの好みは変わりますので、使うときに心地よいと感じる香りを選ぶようにしましょう。

Point 2 ブレンド

まず、効能や香りを含めて自分が使いたいものを1種類選び、相性のいい同じグループまたはとなり合うグループのエッセンシャルオイルを合わせます。分量は、1滴ずつ加えていき、好みの香りになるようにし、香りが強いものは少なめにすると失敗が少なくなるでしょう。例外として、シトラス系だけはどのグループと合わせても嫌な香りにならず重宝します。ブレンドに慣れてきたら、となり合わないグループでも相性のいいもののブレンドを楽しんでみましょう。

Point 3 禁忌事項

植物から抽出されたエッセンシャルオイルであっても、妊娠中、授乳中、高血圧などの持病のある人や子どもが使ってはいけない種類がありますので、必ずエッセンシャルオイルそれぞれの注意事項を読んでから使用するようにしましょう。日本では、とくに3歳未満の乳幼児への使用は、芳香浴以外すすめられていないので要注意。また、子ども（8〜14歳）と敏感肌の人は、エッセンシャルオイルの濃度を大人の半分にして使いますが、必ず禁忌のないもの、刺激の少ないものを選ぶようにしてください。100%天然のものを選び、パッチテストは必ず行いましょう。

スキンケアにおすすめのエッセンシャルオイル

普通肌	イランイラン、ローマンカモマイル、キャロットシード、サンダルウッド、ゼラニウム、パルマローザ、ネロリ、ラベンダー、ローズ、ローズウッド
脂性肌	プチグレン、ジュニパーベリー、レモン、ローズマリー、クラリセージ、グレープフルーツ、サイプレス、ゼラニウム、ペパーミント、ベルガモット、シダーウッド、イランイラン
乾燥肌	イランイラン、カモマイル、キャロットシード、サンダルウッド、ゼラニウム、パルマローザ、ラベンダー、ネロリ、ローズ、ローズウッド、フランキンセンス、パチュリー
敏感肌	ローマンカモマイル、ブルーカモマイル、ネロリ、パルマローザ、フランキンセンス、ラベンダー、ローズ、ローズウッド
アストリンゼント（肌の引き締め）	サイプレス、サンダルウッド、シダーウッド、ジュニパーベリー、ゼラニウム、パチュリー、フランキンセンス、ペパーミント、レモン、ローズ、ローズマリー
ニキビ	ジュニパーベリー、キャロットシード、カモマイル、ヘリクリサム、グレープフルーツ、ラベンダー、ティートゥリー、プチグレン、ローズウッド、ベルガモット、レモン、パルマローザ、ペパーミント、ユーカリプタス、ローズマリー、サンダルウッド、クラリセージ、サイプレス、シダーウッド、ゼラニウム、パチュリー
シミ	ローマンカモマイル、キャロットシード、グレープフルーツ、ゼラニウム、ネロリ、プチグレン、フランキンセンス、ラベンダー、レモン、ローズ
シワ	オレンジスイート、ローマンカモマイル、キャロットシード、サイプレス、サンダルウッド、ゼラニウム、ネロリ、パルマローザ、フランキンセンス、ヘリクリサム、ラベンダー、ローズ、ローズウッド
くすみ	オレンジスイート、カモマイル、グレープフルーツ、サイプレス、サンダルウッド、シダーウッド、ゼラニウム、ネロリ、ペパーミント、ヘリクリサム、ラベンダー、レモン、ローズマリー
たるみ	サイプレス、ゼラニウム、ネロリ、パチュリー、パルマローザ、プチグレン、ヘリクリサム、ラベンダー、ローズ、ローズウッド、ローズマリー
ダメージスキン	ローマンカモマイル、ブルーカモマイル（ジャーマンカモマイル）、タナセタム（ブルータンジー）、ティートゥリー、ペパーミント、ユーカリプタス、ラベンダー

＊妊娠中、不妊症の方へ

エッセンシャルオイルの中には、つわりをやわらげるペパーミントやレモンなどの柑橘系の香り、分娩時や予定日を過ぎた妊婦さんにナチュラルな陣痛促進剤として役立つクラリセージなどがあります。ただし、妊娠中はエッセンシャルオイルの禁忌事項が多く、妊婦さんや不妊治療中の人の中には、使用に消極的な傾向があります。使ってみたいけれど心配という人は、アロマセラピーを取り入れた産婦人科医や助産師、産婦人科で働くアロマセラピストなど、信頼できる人に相談するといいでしょう。

また、妊娠中はホルモンの変化で体質が変わったり、肌も敏感になるため、基本的にマッサージなどのスキンケアには使用しない方が安全です。ちょっとしたことで皮膚炎になったり、皮膚炎から皮膚病に発展してしまうこともあります。とくにいままで使用したことのないエッセンシャルオイルでのスキンケアは避けましょう。

Clays

クレイについて

クレイ（粘土）はミネラルが豊富に含まれ、種類や採掘された地域によって異なるミネラルを含んでいます。肌の柔軟効果や美白効果だけでなく、毛穴の汚れをきれいに落とし、除菌作用、抗炎症作用や消臭作用もあります。クレイはフェイシャルマスク、湿布、ボディラップやお風呂に入れて使うだけでなく、フェイスパウダーやベビーパウダーにもおすすめです。服用することもできるグレードもあり、手作り歯磨き粉として使うこともあります。

使い方のポイント

Point 1 カラー

クレイは、色によって肌への作用の強さがことなるため、選ぶ目安にするといいでしょう。ホワイト、ピンク、ローズ、レッド、イエロー、グリーン、ブルーの順に作用が強くなります。はじめて使用する場合、また敏感肌や乾燥肌、子どもには、ホワイトカオリンかベントナイト、レッドモンドクレイがおすすめです。敏感肌の人は、マリーンファンゴかレッドモンドクレイのマリーンクレイがおすすめです。

Point 2 グレード

化粧品グレードは、粗いクラッシュドクレイを微粒子に粉砕したあとフィルターにかけて不純物を取りのぞいています。工業用のテクニカルグレードやインダストリアルグレードは不純物が含まれているため、肌や目に炎症を起こす原因が高くなり、有害な鉛や水銀が高い割合で含まれていることもありますので絶対に使用しないでください。

Point 3 保存

透明なガラス容器に入れて、湿気を避ければ、長期保存が可能です。ただし、水を混ぜてペーストにしたものは、作ったその日に使い切りましょう。また、クレイはクレイと接する外部のものと反応してイオン交換を行い、金属はその作用を誘発させるため、錆びたり変質することがあります。容器や扱うスプーンは、金属以外のものを選んでください。

Point 4 フレンチクレイ

フランスで採掘されたクレイで、フレンチグリーンやピンククレイなど、見た目の色で呼ばれているため、モンモリロナイトやイライトなど、どの種類になるのかわかりません。入手の際に種類を確認しましょう。

種類

カオリン *Kaolin*

中国の高陵（Kauling：現在の高嶺）から産出した白土に由来してカオリンと呼ばれます。粒子が細かく、乾燥した状態で使用すると水分をよく吸収するので、ボディパウダーやフェイスパウダーとして使われます。

ホワイト	フェイス＆ボディパウダー、乾燥肌やクレイ初心者のマスクに。
ピンク	きれいな色を利用したフェイス＆ボディパウダーに。
ローズ	敏感肌や普通肌のマスク、バスソークや石けんなどの色づけに。
レッド	脂性肌や普通肌のマスク、貧血症改善のマッドバスに。
イエロー	日焼け後のケアや敏感肌のマスク、バスソルトなどの色づけに。

モンモリロナイト *Montmorillonite*

鉱物名モンモリロナイトの主成分はモンモリロナイトでスメクタイト系に属します。フランスのモンモリロン地区から採掘したため、モンモリロナイトと名付けられました。原産地や精製する回数でもことなりますが、目の粗いクレイが含まれている場合もあり、ボディパウダーには不向きのものもあります。粒子が細かくない場合は古い角質を落とすクレイソープやスクラブソープに。

レッド	マスクやヘアケアに。とくに女性のためのマッドバスに。
グリーン	脂性肌やニキビ肌、皮膚炎のスキンケアに。
ブルー	美白のためのクレイソープやボディケアに。

クレイの種類は、含まれているミネラルの主成分によって分類され、カオリナイトを主成分とするもの、イライトを主成分とするもの、モンモリロナイトやベントナイトなどのスメクタイトを主成分とするもの、マリンクレイなどの含硫ケイ酸アルミニウムを主成分とするものなどに分けることができます。

ベントナイト *Bentonite*

堆積した火山灰が変質してできたもので、産出地のアメリカ・ワイオミング州フォートベントンにちなみ、ベントナイトと呼ばれています。水を含むとよく膨張し、ペーストを作るとダマができ、ほかの種類のようになめらかにならないものが多いのが特徴ですが、汚れや皮脂への吸着力が強いので、毛穴のケアにすぐれています。

ホワイト 赤ちゃんのボディパウダーやマッドバス、ニキビやシミのケアに。

グリーン ニキビなどの皮膚トラブルのマスクや毛穴ケアに。

イライト *Illite*

産出地のアメリカ・イリノイ州にちなんでイライトと呼ばれています。どの色のものも作用が強く、とくにグリーンのイライトが有名です。グリーンイライトは、スキンケア以外に、体内に蓄積された鉛などの有害成分を排泄させるために服用したり、湿布薬など医療にも用いられています。

デザートクレイ *Desert Clays*

砂漠地帯で採掘されたクレイ。ニキビなどの皮膚トラブルやくすみの改善、美白づくりに役立ちます。塩湖が干上がった砂漠から採掘されることもあり、マリーンクレイに似た効能をもつクレイもあります。

ホワイト フェイスパウダーのほか、クレイ初心者用や美白用マスクやスクラブに。

ローズ フェイス＆ボディパウダー、敏感肌のマスクに。

レッド ニキビ肌からくすみが気になる肌のマスクやヘアケアにも。

グリーン ニキビ肌やシミ、くすみの気になる肌のマスクに。

ローズクレイ *Rose Clays*

一般的なローズクレイはカオリナイトを主成分とする天然のローズ色のクレイを指し、スミレ色に近いきれいな色のクレイです。石けんの着色に使うときれいなローズ色の石けんが作れ、古い角質を落とす効果が高いクレイソープが作れます（ヘアケアにもおすすめ）。

マリーンクレイ *Marine Clays*

海から採れたミネラルが豊富に含まれマリーンファンゴやレッドモンドクレイなどの種類があり、スパのフェイシャルマスクやマッドボディラップに使われています。からだの疲れを癒したり、美肌、美白づくりに役立ちます。

マリーンファンゴ
肌の古い角質を取りのぞき、ミネラル分の栄養と潤いを肌にあたえます。クレイソープとして石けん作りに加えると、気になる肌のくすみを改善。フェイスマスクやマッドボディラップ、からだの疲れを癒すマッドバスなど、スパでもよく使われています。肌質を選ばないので、敏感肌の人やクレイをはじめて使う人にもおすすめ。

レッドモンドクレイ
質のよい天然塩が採れることでも有名なアメリカのユタ州レッドモンド地域で産出するクレイ。肌質を選ばないため、敏感肌の人やクレイをはじめて使う人におすすめ。赤ちゃんでも使える穏やかな吸着作用のクレイで、とくにマスクやマッドバスに。ニキビや湿疹などの皮膚トラブルの改善に役立ちます。

Shop Lists

本書のレシピで使用している材料を取り扱っているお店を紹介します。
お店により、販売方法や注文方法がことなるため、
あらかじめご確認ください。

入手方法
インターネット
メール
TEL
FAX
店頭

あかねや

インターネット　メール　FAX

カラーラントやクレイを中心にオーガニックのオイルなど、厳選した素材を取り扱う。

〒299-1162 千葉県君津市南子安1-7-11-201
FAX 0439-55-7970
HP http://www.akane-ya.com/
E-mail mail@akane-ya.com

アンジェリーク
Angelique

インターネット

自然素材からコスメ容器まで必要な材料が一通り販売されている看護師さんの経営するショップ。経験を生かして少しでもお役に立てたらと、クレイを中心に肌に負担のかからない自然素材を販売。

〒340-0024 埼玉県草加市谷塚上町700-13
TEL&FAX 048-922-1090
HP http://www.angelique-jp.com/
http://www.angelique-jp.com/i（モバイル専用）
E-mail info@angelique-jp.com（問い合わせ専用）

カノショップ
Kano Shop

インターネット　FAX　メール　店頭　TEL

手作り用の素材からコスメ容器まで、さまざまな商品が揃う。実店舗があり、体験工房も常時オープン。

〒674-0069 兵庫県明石市大久保町わかば13-2
TEL&FAX 078-920-8211
HP http://www.kanoshop.com/
E-mail mail@kanoshop.com

株式会社生活の木
Tree of life

インターネット　TEL　FAX　店頭

世界51か国の提携農園から厳選したオーガニックハーブや精油、手作りコスメの材料などを取り扱う。全国100店舗の直営店のほか、ハーブガーデン、サロンなど、生活の中にハーブを取り入れる提案を幅広く行っている。

〒150-0001 東京都渋谷区神宮前6-3-8
TEL 0120-175082（問い合わせ専用）
FAX 0120-821182（注文専用）
HP http://www.treeoflife.co.jp/
http://www.aromashop.jp/

トゥインクルベル
Twinkle Bell

インターネット　メール　FAX

マイカや酸化鉄のカラーラント、マリーンファンゴのクレイなど、ミネラル素材を多く取り扱っている。エッセンシャルオイルやスキンケアオイル、ワックスなどの素材も充実。

〒661-0972 兵庫県尼崎市小中島3-5-27
TEL&FAX 06-6499-0801
HP http://www.e-twinklebell.com/
http://www.e-twinklebell.com/i/（モバイル専用）
E-mail sales@e-twinklebell.com（注文専用）
mail@e-twinklebell.com（問い合わせ専用）

バミリオンズ
Vermilion's

産婦人科で妊婦さんにトリートメントを行っているアロマセラピストの運営するショップ。エッセンシャルオイルをはじめ手づくり化粧品の素材を販売。定期的に手作りコスメとアロマセラピーのセミナーも行っている。出張セミナーも随時開催。

〒567-0044 大阪府茨木市穂積台3-703
TEL 090-9055-6784

インターネット

HP http://www.vermili.com/
E-mail shopinfo@vermili.com

ふぉんてぬ
Fontaine

初心者でも材料選びが簡単なように、ハンドメイドキットから、エッセンシャルオイル、クレイなど、種類豊富に取り扱う。

〒507-0803 岐阜県多治見市美坂町7-9-1
FAX 0572-23-1504

メール
FAX

HP http://www.fontaine-de-ange.com/
E-mail sales@fontaine-de-ange.com（注文専用）
mail@fontaine-de-ange.com（問い合わせ用）

フルーツプレシャス
Fruitprecious

手作りリップケアに必要なマイカや酸化鉄のカラーラント、フレイバーオイルが豊富で、クレイは20種類ほど取り扱っており充実している。

〒575-0062 大阪府四條畷市清滝新町20-14
TEL&FAX 072-877-7089

インターネット
メール
FAX

HP http://www.fruitprecious.com
http://www.fruitprecious.com/i/（モバイル専用）
E-mail sales@fruitprecious.com（注文専用）
e-mail@fruitprecious.com（問い合わせ専用）

（50音順）

＊上記データは、2011年8月末現在のものです。その後、お店の都合により変更が生じる場合もありますが、ご了承ください。また、材料によっては、ショップでの取り扱いが中止になることなどもありますので、レシピを作る前に、あらかじめ入手できるかどうか確認されることをおすすめします。

■薬局で手に入るもの

精製水／消毒用エタノール／無水エタノール／ベーキングソーダ（重曹）／キャスターオイル（ひまし油）／グリセリン／クエン酸／酸化亜鉛／二酸化チタン など

■スーパーや食品店で手に入るもの

オートミール／海塩／はちみつ／野菜／果物 など

■アロマセラピー専門店で手に入るもの

エッセンシャルオイル（精油）／スキンケアオイル（キャリアオイル）／ハイドロソル など

おわりに

アメリカの人々は、
ハンドクラフトが好きな人が多いというだけではなく、
手作りギフトを作って贈り合うことをよろこび、
また、そういったやりとりをとても大切にしています。
小学校では、母の日や父の日のプレゼントに、
バスソークやクラフトソープを作ることも珍しくなく、
手作りギフトとカードを両親にプレゼントする習慣もあります。
今年は、母の日のプレゼントに、
娘のクラスではバスソルト作り、
息子のクラスではドライフラワー作りが行われました。

わが家の子どもたちは、クリスマスになると、
クラフトソープなどを作って、
お世話になっている先生やお友だちにプレゼントをしています。
また、ふだんは自分たちでバスフィズやバスソルトを作って、
お風呂を楽しんでいます。
読者のみなさんにも、この本を通して、
手作りすることを、もっと楽しんでいただけたらと思います。

本当に手作りをすることが大好きな私ですが、
スキンケアプロダクトや石けん作りをしているときがなによりも楽しく、
また、それを使ってくれている人に喜ばれると、とても幸せな気分になります。
はじめは、なかなか納得できるものができず、
試行錯誤をしながら、よりよいものを作っていくことには、
たいへん時間がかかりますが、しだいにうまくいき、
やっとできあがったときは、言葉にできないうれしさがあります。

多くの人に、手作りの楽しさと手作りスキンケアのよさを、
もっともっと知ってもらいたい、また、
みなさんに喜んでもらえるようなすてきな作品を、
これからもたくさん作り続けていきたいと思います。
そして、みなさんの生活や健康に役立つ、
肌にやさしいナチュラルなスキンケアをモットーに、
日々、研究していきます。

2011年7月

中村純子

自然素材で美肌をつくる！
スキンケア＆
ボディトリートメント
レシピ

中村純子
Junko Nakamura

学陽書房

special thanks
DESIGNCO 青木亮作 & 水貝彩子
Janice Fitch

参考文献

Miller,E.T.(1996), *SalonOvations' Day Spa Techniques,* Milady Publishing.

D'Amelio,F.S.(1999), *Botanicals:A Phytocosmetic Desk Reference,* CRC Press.

Gerson,J.(2009), *Milady's Standard Esthetics:Fundamentals,* Milady Publishing.

Michalun,N. and Michalun,M.V.(2010), *Milady's Skin Care and Cosmetic Ingredients Dictionary (3rd ed.),* Milady Publishing.

Lees,M.(2006), *Skin Care:Beyond the Basics(3rd ed.),* Milady Publishing.

Essential Science Publishing(2001), *Essential Oils Desk Reference(2nd ed.),* Essential Science Publishing.

中村純子
Junko Nakamura

1968年、大阪市東淀川区生まれ。現在、サンフランシスコ在住。幼い頃から美容に関心があり、高校在学中には関西美容理容専門学校を卒業。その後、商社にて貿易事務に従事しながら美容サロンビジネスに携わり、クレイに出合う。また、この頃より、シンプルな手作りのスキンケアプロダクトを作り始める。1994年に渡米し、本格的に手作りの化粧品と石けんを作り続けながら、カリフォルニア州カニャダ大学の経営学部および教養学部を卒業。また、カリフォルニア州スカイライン大学の美容学部スパテクニシャン科およびエステティック科を卒業し、カリフォルニア州エステティシャンのライセンスを取得。アロマセラピーやフラワーエッセンス、マッサージから化粧品成分など、各コースの修了証も保持し、現在では、自宅やエステティックサロンなどにてプロとして活動。美容学部で手作りコスメと石けんのデモンストレーションを行ったり、自分の子どもたちと一緒にアクセサリーや粘土細工を作るなど、日々、手作りを楽しんでいる。
著書に『自然素材で手づくり！ メイク&基礎化粧品』『美肌になろう！ 手作りのリキッドソープとクレイ』（ともに学陽書房）、『手作りコスメ』（大泉書店）などがある。

自然素材で美肌をつくる！
スキンケア&ボディトリートメントレシピ

2011年9月20日　初版印刷
2011年9月26日　初版発行

著者　中村純子《なかむらじゅんこ》

デザイン　原圭吾（SCHOOL）
撮影　沼尻淳子
スタイリング　ますみえりこ
撮影協力　黒岩あさ美（あかねや）
勝　泉（ふぉんてぬ）
イラスト　今井久恵

発行者　佐久間重嘉
発行所　株式会社 学陽書房
東京都千代田区飯田橋1-9-3　〒102-0072
営業部　TEL03-3261-1111　FAX03-5211-3300
編集部　TEL03-3261-1112　FAX03-5211-3301
振　替　00170-4-84240
印刷　加藤文明社
製本　東京美術紙工

ISBN978－4－313－88075－7　C2077